宁波茶通典

茶史典

宁波茶文化促进会　组编

林浩　著

中国农业出版社
北京

宁波茶通典

丛书编委会

宁波茶通典

主编

姚国坤　研究员，1937年10月生，浙江余姚人，曾任中国农业科学院茶叶研究所科技开发处处长、浙江树人大学应用茶文化专业负责人、浙江农林大学茶文化学院副院长。现为中国国际茶文化研究会学术委员会副主任、中国茶叶博物馆专家委员会委员、世界茶文化学术研究会（日本注册）副会长、国际名茶协会（美国注册）专家委员会委员。曾分赴亚非多个国家构建茶文化生产体系，多次赴美国、日本、韩国、马来西亚、新加坡等国家和香港、澳门等地区进行茶及茶文化专题讲座。公开发表学术论文265篇；出版茶及茶文化著作110余部；获得国家和省部级科技进步奖4项，家乡余姚市人大常委会授予"爱乡楷模"称号，是享受国务院政府特殊津贴专家，也是茶界特别贡献奖、终身成就奖获得者。

总 序

踔厉经年，由宁波茶文化促进会编纂的《宁波茶通典》（以下简称《通典》）即将付梓，这是宁波市茶文化、茶产业、茶科技发展史上的一件大事，谨借典籍一角，是以为贺。

聚山海之灵气，纳江河之精华，宁波物宝天华，地产丰富。先贤早就留下"四明八百里，物色甲东南"的著名诗句。而茶叶则是四明大地物产中的奇葩。

"参天之木，必有其根。怀山之水，必有其源。"据史料记载，早在公元473年，宁波茶叶就借助海运优势走出国门，香飘四海。宁波茶叶之所以能名扬国内外，其根源离不开丰富的茶文化滋养。多年以来，宁波茶文化体系建设尚在不断提升之中，只一些零星散章见之于资料报端，难以形成气候。而《通典》则为宁波的茶产业补齐了板块。

《通典》是宁波市有史以来第一部以茶文化、茶产业、茶科技为内涵的茶事典籍，是一部全面叙述宁波茶历史的扛鼎之作，也是一次宁波茶产业寻根溯源、指向未来的精神之旅，它让广大读者更多地了解宁波茶产业的地位与价值；同时，也为弘扬宁波茶文化、促进茶产业、提升茶经济和对接"一带一路"提供了重要平台，对宁波茶业的创新与发展具有深远的理论价值和现实指导意义。这部著作深耕的是宁波茶事，叙述的却是中国乃至世界茶文化不可或缺的故事，更是中国与世界文化交流的纽带，事关中华优秀传统文化的传承与发展。

宁波具有得天独厚的自然条件和地理位置，举足轻重的历史文化和人文景观，确立了宁波在中国茶文化史上独特的地位和作用，尤其是在"海上丝绸之路"发展进程中，不但在古代有重大突破、重大发现、重大进展；而且在现当代中国茶文化史上，宁波更是一块不可多得的历史文化宝地，有着举足轻重的历史地位。在这部《通典》中，作者从历史的视角，用翔实而丰富的资料，上下千百年，纵横万千里，对宁波茶产业和茶文化进行了全面剖析，包括纵向断代剖析，对茶的产生原因、发展途径进行了回顾与总结；再从横向视野，指出宁波茶在历史上所处的地位和作用。这部著作通说有新解，叙事有分析，未来有指向；且文笔流畅，叙事条分缕析，论证严谨有据，内容超越时空，集茶及茶文化之大观，可谓是一本融知识性、思辨性和功能性相结合的呕心之作。

这部《通典》，诠释了上下数千年的宁波茶产业发展密码，引领你品味宁波茶文化的经典历程，倾听高山流水的茶韵，感悟天地之合的茶魂，是一部连接历史与现代，继往再开来的大作。翻阅这部著作，仿佛让我们感知到"好雨知时节，当春乃发生，随风潜入夜，润物细无声"的情景与境界。

宁波茶文化促进会成立于2003年8月，自成立以来，以繁荣茶文化、发展茶产业、促进茶经济为己任，做了许多开创性工作。2004年，由中国国际茶文化研究会、中国茶叶学会、中国茶叶流通协会、浙江省农业厅、宁波市人民政府共同举办，宁波茶文化促进会等单位组织承办的"首届中国（宁波）国际茶文化节"在宁波举行。至2020年，由宁波茶文化促进会担纲组织承办的"中国（宁波）国际茶文化节"已成功举办了九届，内容丰富多彩，有全国茶叶博览、茶学论坛、名优茶评比、宁波茶艺大赛、茶文化"五进"（进社区、进学校、进机关、进企业、进家庭）、禅茶文化展示等。如今，中国（宁波）国际茶文化节已列入宁波市人民政府的"三大节"之一，在全国茶及茶文化界产生了较大影响。2007年举办了第四届中国（宁波）国际茶文化节，在众多中外茶文化人士的助推下，成立了"东亚茶文化研究中心"。它以东亚各国茶人为主体，着力打造东亚茶文化学术研究和文化交流的平台，使宁波茶及茶文化在海内外的影响力和美誉度上了一个新的台阶。

宁波茶文化促进会既仰望天空又深耕大地，不但在促进和提升茶产业、茶文化、茶经济等方面做了许多有益工作，并取得了丰硕成果；积累了大量资料，并开展了很多学术研究。由宁波茶文化促进会公开出版的刊物《海上茶路》（原为《茶韵》）杂志，至今已连续出版60期；与此同时，还先后组织编写出版《宁波：海上茶路启航地》《科学饮茶益身心》《"茶庄园""茶旅游"暨宁波茶史茶事研讨会文集》《中华茶文化少儿读本》《新时代宁波茶文化传承与创新》《茶经印谱》《中国名茶印谱》《宁波八大名茶》等专著30余部，为进一步探究宁波茶及茶文化发展之路做了大量的铺垫工作。

宁波茶文化促进会成立至今已20年，经历了"昨夜西风凋碧树，独上高楼，望尽天涯路"的迷惘探索，经过了"衣带渐宽终不悔，为伊消得人憔悴"的拼搏奋斗，如今到了"蓦然回首，那人却在灯火阑珊处"的收获季节。编著出版《通典》既是对拼搏奋进的礼赞，也是对历史的负责，更是对未来的昭示。

遵宁波茶文化促进会托嘱，以上是为序。

宁波市人民政府副市长　杨勇

2022年11月21日于宁波

目录

宁波茶通典 · 茶史典

第五章 清代宁波茶史略述

第六章　现代宁波茶文化发展略述

绪 论

距今两千多年前的秦汉时期，政归一统，郡县推行，宁波开始设县置治，聚民生息，肇启了全面融入泱泱华夏的历史进程。秦汉时期相继设置有句章、鄞、鄮、余姚四个县级政区，皆隶会稽郡（先后设治于今江苏苏州、浙江绍兴）。

秦汉以降，至隋初，前后八百余年，虽然会稽之名及其统辖之地时有变化，但今天宁波境域范围内句章、鄞、鄮、余姚四个县级政区设置总体格局并未发生大的改动。长庆元年（821），明州刺史韩察将明州州治迁到三江口，并筑内城，标志着宁波建城之始，并因境内四明山之名，将古城称为"明州"①。

宁波境内气候温和湿润，生态环境极为适宜茶树生长。考古研究表明，宁波有悠久的产茶历史且茶区分布广泛，在距今六七千年的新石器早期，宁波的原始农业已经达到了较高的水平。余姚河姆渡遗址发现了原始茶，田螺山遗址也有古茶树遗存。

《茶经》记载，晋代余姚人到瀑布山采茶，得到道人丹丘子指点，采到大茗，为宁波最早茶事，也是中国古代早期著名茶事之一。

唐代，由于经济文化和宗教活动的兴盛，宁波茶业也获得了发展机遇，余姚的瀑布仙茗在陆羽《茶经》中被列为全国十二种名茶之一。

宁波茶文化到隋唐五代时期也得到较快的发展：隋末唐初余姚籍（今慈溪）大臣、著名书法家虞世南（558—638），已经早于《茶经》搜集了十二则茶事，编入类书《北堂书钞·酒食部三·茶篇八》；初唐宁波籍大医家陈藏器（约687—757）的《本草拾遗》记载茶功、茶效，首次提出茶叶有去脂功效；唐大历元年（766），制订《百丈清规》的

---

①　宁波市文化遗产管理研究院，2021. 城·纪千年——港城宁波发展图鉴 [M]. 宁波：宁波出版社.

高僧百丈怀海云游鄞县金峨山遂披荆斩棘，结茅建庐，于团瓢峰下创建罗汉院，是为今金峨寺开山之始；怀海禅师是"一日不作，一日不食"农禅开创者，《百丈清规》载有详细佛门茶事，为茶禅之始；唐会昌、大中年间（841—860）天童寺住持咸启禅师，有"且坐吃茶"茶语，早于赵州和尚从谂"吃茶去"公案。

唐代被《茶经》盛赞的古余姚今慈溪上林湖一带所产越窑茶碗类玉类冰：碗：越州上……若邢瓷类银，越瓷类玉，邢不如越一也；若邢瓷类雪，则越瓷类冰，邢不如越二也；邢瓷白而茶色丹，越瓷青而茶色绿，邢不如越三也。晋杜育《荈赋》所谓：器择陶拣，出自东瓯。瓯，越也。瓯，越州上。陕西法门寺地宫出土的越窑青瓷珍品，也是由上林湖越窑烧制的秘色瓷。

当时的宁波已然开辟了通往朝鲜半岛、日本列岛和南洋等地的航线，唐代明州港已成为海上茶路起航地。唐贞元二十年（804），日本高僧最澄，经明州港到台州、明州、越州（今绍兴）学佛，翌年学成回国时，带去了茶叶、茶籽，是为文献记载的海上茶路之始。此后，宁波及周边省份的茶叶、茶具等，通过宁波港源源不绝输往世界各地，历史之早，时间之长，数量之多，均为世界之最。全盛时宁波港茶叶出口有全国半壁江山之称，近年宁波港茶叶出口仍达每月1万吨左右，约占全国茶叶出口总量的三分之一，"甬为茶港"名副其实。

作为日本遣唐使的主要登陆地之一，宁波也是茶禅东传日本、朝鲜半岛之窗口，历代茶禅文化绵延不绝，日本佛教天台宗创始人最澄、永忠、空海等高僧，都将茶叶、茶籽带回日本进行茶文化的普及。

2009年，在宁波古码头今三江口江厦公园内，由宁波市政府设立的"海上茶路启航地"主题景观，占地6 000多平方米，由一个主碑、四个副碑、茶叶形船体、船栓群组成。

在唐代农业发展的基础上经过五代，宋代宁波的农业变得更为发达，在当时已成为主要的产粮、产茶地区。宋时明州港与朝鲜半岛、日本列岛、东南亚、波斯湾等地的贸易往来空前繁荣，并在北宋元丰年间（1078—1085）成为宋廷与高丽官方往来的唯一指定口岸。元代，宁波的海外贸易交流并未因为朝代更迭而受到影响，市舶制度相较于之前反而更趋完善。

宋代宁波茶业发展迅猛，茶叶产量提高，余姚出产贡茶并延续至明代；宁海茶山茶因为道家种茶、释家送茶、儒家赞茶，由此成为中国茶文化著名的千古雅事。

宋代因为发达的经济为佛教繁荣提供物质支撑，茶禅文化发展至巅峰：

1. 雪窦寺高僧雪窦重显（980—1052），留下多首茶诗、颂，其中三首茶诗为写给两位宁波知府的答谢诗或赠茶诗，富有禅意。

2. 宋元之际，先后有6位天童寺高僧去日本弘法传茶，带去茶叶和茶籽，分别是寂圆、兰溪道隆、无学祖元、镜堂觉圆、一山一宁、东陵永屿。虚堂智愚曾去高丽弘法传茶8年。

3. 日本有荣西、希玄道元、圆尔辨圆、南浦绍明等高僧，高丽（朝鲜）王族高僧先后有义通、义天等，入宋求法，弘扬茶禅文化。

明代，由于农业、手工业都有了新的进步，各项文化事业仍然称盛，至明朝中后期，随着商品经济的发展，资本主义的萌芽开始在手工业相对发达的宁波地区孕育。虽然实行海禁政策，但因中日勘合贸易的需要，宁波的海外贸易交流并未完全停滞。

明代的茶业因为明太祖朱元璋"罢造龙团，惟采芽茶以进"，主张废除团饼茶，炒青法成为明清时期最主要的茶叶生产工艺，推动了饮茶的普及，同时宁波贡茶停贡让百姓脱离了苦海。

明代的名家茶书在全国茶史中有重要地位：

1. 屠隆（1543—1605），鄞县人，明代著名戏曲家、文学家、官员，其艺术随笔《考槃余事》中的一章《茶说》，被单独列为茶书。

2. 屠本畯（1542—1622），鄞县人，出身官宦之家，父亲为进士，本人历任京师官员、知府，其《山林经济籍》之一卷《茗笈》，被单独列为茶书。屠隆与屠本畯虽有祖孙辈分差别，但年龄仅差一岁。诺贝尔获奖者屠呦呦女士为其家族后裔。

3. 闻龙（1551—1631），鄞县人，布衣学者，出身官宦之家，著有《茶笺》。

4. 罗廪（1553—？），慈溪慈城（今宁波江北区）人，书法家、学者、隐士，著有《茶解》，被誉为"第二茶书"。

5. 万邦宁（1598—？），鄞县人，天启二年（1622）进士，官员、学者，出身望族官宦之家，著有《茗史》，作者自署"甬上万邦宁"。

清代，因为长期闭关锁国，宁波的海外贸易交流虽未彻底断绝，但进展缓慢。鸦片战争以后，宁波重新开埠，成为"五口通商"城市之一和海外贸易主要基地，是近代茶叶集散中心，茶叶出口一度成为宁波出口关税收入的主要来源。宁绍地区茶叶生产的发展，新品名茶出现，茶叶外销更是达到历史高峰。由于受到外茶的激烈竞争和世界大战的影响，中国茶叶的国际市场占有率不断收缩，宁波外销茶势态转衰，但中外茶业技术交流的脚步并未停止：如清代宁波茶厂副厂长刘峻周，将宁波茶树、茶籽带到格鲁吉亚播种取得成功；郑世璜赴印锡考察茶业；叶隽的《煎茶诀》在日本影响深远。在茶文化方面，清代玉成窑文人紫砂茶器至梅调鼎时代，茶文化与载体的结合已达到巅峰。

中华人民共和国成立以后，特别是改革开放以来，宁波的经济社会发展按下了快进键。宁波茶产业发展在经历了计划经济时代以集体（国营）茶厂、统购统销为主的产销体制，到改革开放后的家庭承包经营，再到市场放开以及民营茶企业的兴起之后，宁波茶业渐渐通过生产组织方式、生产技术、产品质量、销售渠道、产业延伸等发生历史性的变革，使宁波的茶产业实现了茶叶生产的规模化、现代化、产业化、生态化。进入21世纪后，通过实施茶叶基地建设、原产地保护、名优茶开发、提高茶叶质量安全、促进茶叶流通，特别是宁波彩茶创制技术引领国际水平，宁波茶业迈入一个新时代，当代宁波成为茶叶外销的"茶港"。

根据宁波市领导"以发展文化产业的高度提升茶业发展层次，促进茶业发展"的指示精神，宁波茶文化兴起助力茶产业发展：

1．成立宁波茶文化促进会，把弘扬茶文化和发展茶经济有机地结合起来。

2．成立宁波东亚茶文化研究中心，举办论坛研讨。

3．为茶文化遗址立茶事碑。

4．多渠道进行宁波茶文化的宣传。

5．随着宁波茶禅文化再兴起，饮茶悟道推广茶艺。

6．宁波现代茶城呈四方称雄之势。

7．茶文化艺术百花绽放，以《采茶舞曲》为代表的茶曲蜚声中外。

8．茶书、茶著及茶文化研究方兴未艾。

9．宁波茶具金名片有传人。

10．文化产业融合发展，打造茶品牌，促进生态茶旅游、助推茶文化游，将现代茶城打造成新的茶文化传播地。

2021年系宁波建城1200周年纪念，茶文化作为珍贵的文化遗产及其创造和传承者们背后的精彩故事，不仅直接印证了古代宁波贸易交流的昌盛，经济文化的繁荣，也间接影响并塑造了宁波这座东方港城非同一般的风貌与特质。

第一章 ◎ 宁波茶文化的形成

宁波的茶不仅彰显着宁波特定的历史、宁波的区域族群的生活方式和文化结晶，甚至成为宁波文明的重要象征。"非遗"是文化遗产的重要组成部分，茶的制作流程、工艺控制与经验技巧等综合在一起，就是无形的非物质文化，是历史的见证和文化的重要载体，蕴含着宁波人民特有的精神价值、思维方式和文化意识，体现着民族生命力和创造力。

第一节　宁波产茶历史悠久

宁波境内属中亚热带季风气候区，气候温和湿润，雨量充沛，生态环境极为适宜茶树生长，从河姆渡遗址等发现，宁波有悠久的产茶历史且茶区分布广泛。考古研究表明，距今六七千年的新石器早期，宁波的原始农业已经达到了较高的水平，先民们已经培育出水稻，同时也有"吃茶"充饥的习惯。

一、余姚六千年前已有茶文化遗存

（一）河姆渡文化下的原始农业

1973年发掘的位于宁波余姚的河姆渡遗址，以其七千年左右的原始文明震撼中外。4米厚的四个文化层、众多的出土文物如同史书，展示了原始社会后期的新石器时代社会风貌。原来普遍认为黄河流域为中华民族的摇篮，河姆渡遗址的发现，向世界宣告长江、黄河两大流域，均为中华民族的摇篮。

大约在距今12 000年前，中国的新石器时代早期阶段出现了原始农业的雏形，原始农业系由采集、狩猎逐步过渡而来的一种近似自然状态的农业，通过稻谷人工种植和驯化野生动物进入原始农业。

从新石器时代出土的一些文物来看，中国某些地区的原始农业似乎已经脱离了六七千年前早期的刀耕火种阶段，由"原始饥荒"迈入了"耕田种田"阶段。

河姆渡遗址出土的大片木结构建筑遗迹、大量的骨耜，特别是在考古出土时批量出现的稻谷、成堆的稻壳是先民们已经培育出的水稻，代表了原始农业已经达到了较高的水平，人们已过着较长期的定居生活。人们在几块土地上，轮流倒换种植，不必经常流动到别处去重新开荒，有利于农业的发展。

大量不同类型的农业生产工具，其中石铲、石锛、石耜和骨耜都为翻土的工具，石锄等用于除草，石镰、骨镰等用于收割，石磨棒则用于谷物脱壳。

河姆渡遗址出土的稻谷

河姆渡遗址博物馆场景展示

（二）河姆渡遗址的原始茶

当河姆渡人进入原始文明的时代，采集经济转向农耕经济，已经开始人工栽培水稻、制作陶器、用水烧制食物等，为河姆渡遗址"原始茶"的研究奠定了物质基础。

根据河姆渡遗址中堆积在干栏式居住处的植物标本，经鉴定，以樟科植物的叶片数量最多，以及橡子、菱角、薏仁、芡实等含淀粉类的果实和大量稻谷，有专家认为：樟科植物与淀粉类一起加水可呈现出有机组合的粥羹状充饥食物，且在残破陶罐内堆积着此种粥羹状混合物，加之在遗址里发现的泉井遗迹，说明在原始社会，河姆渡先人已经能利用该原理调出充饥食物，我们称之为"原始茶"，这与古籍记载中远古时期"茶可疗饥"功能相吻合。

（三）田螺山遗址的古茶树遗存

2004年，考古工作者在与河姆渡遗址相距很近的田螺山古村落遗址距今6 000多年前的文化层中，发现了位于干栏式木结构房屋附近的两大片原生于土层中的密集树根根块，且其中一片的周围明显有人工开挖的浅土坑，并伴随一些碎陶片。

田螺山遗址

多方面的科学分析和鉴定，对出土后保存的疑似茶树根进行木材显微切片检测，结果表明，这些树根均为山茶属的同种植物。2008年12月，对部分树根和浸泡树根的水液进行色谱检测，都检出有茶氨酸。

田螺山遗址出土的茶树根

通过2009年10月26日在遗址附近挖取了茶树及近缘植物红山茶、油茶、茶梅、山茶根样本，2011年5月12日在考古现场提取了出土树根样本，同时在田螺山遗址周围再次挖取活体茶树、山茶、油茶和茶梅树根，送到农业部茶叶质量监督检验测试中心进行色谱检测，可以断定，余姚田螺山遗址出土的这三批古树根是茶树根。

针对以上综合分析和鉴定结果，有专家认为，这是迄今为止我国境内考古发现的最早的人工种植茶树的遗存，距今已有6 000年左右历史。如果这一论点成立，那中国境内开始种植茶树的历史由过去认为的距今约3 000年，可以上推到6 000年前，而余姚田螺山是迄今为止考古发现的、我国最早人工种植茶树的地方。

二、东汉宁波已有茶具出现

茶具又称茶器，广义上的茶具是指与泡茶、饮茶有关的所有器具，狭义上的茶具仅仅只是指茶壶、盖碗、茶杯、茶盏等饮茶器皿与茶叶相辅相成，有"器为茶之父"的说法[1]。饮茶风尚直接影响茶器具的生产和使用。杜育《荈赋》记载之"器择陶拣，出自东瓯"，与湖州出土三国前青瓷"茶"字贮茶瓮相吻合，说明东汉起越州等地已经有能力烧制优质的茶器具。

（一）浙江湖州出现最早茶具

新石器时代的生产力水平较低，磨制石器还是人们主要的生产用具，此后虽然能烧造出简单的陶器，但由于工艺水平的限制，烧制的陶器数量及种类极为有限，因此当时烧制的容器肯定会一物多用。茶叶处于粗放煎饮阶段，一般饮茶与饮酒使用共同的容器，在茶叶作为日用饮料之后，相应的器皿才逐渐产生。

---

① 绿然花，2018. 一手好茶艺（精通篇）[M]. 北京：中国铁道出版社.

青铜器鼎盛时期的商周，已经能够烧制各种考究的青铜器具，一些达官贵人已使用专门的酒杯饮酒，但关于饮茶用具的历史记载尚未见到。最早典籍记载中关于茶具的史料，现在公认的是西汉四川资阳人文学家王褒在《僮约》中写到的"武阳买茶""烹茶尽具，铺已盖藏"，是世界上最早的关于茶叶交易和饮茶的记载。

西晋左思的《娇女诗》"心为茶荈剧，吹嘘对鼎䥐"，这里的"鼎"是最早出现的关于茶具的文字记录。1990年8月，中国文物报发表《湖州发现东汉晚期贮茶瓮》，出土的一批东汉时期的碗、杯、壶、盏等器具中，有一个青瓷贮茶瓮器肩上部刻划一隶书"茶"字，考古学家认为这是世界上最早的茶具[①]。是我国目前最早发现有"茶"字铭文的贮茶瓮，为国家一级珍贵文物。

在器肩上部刻划一隶书"茶"字

（二）东汉宁波烧制早期越窑瓷器

宁波地区早期越窑瓷器是从原始瓷器发展演变而来，是一个由量

---

① 闵泉，1990. 湖州发现东汉晚期贮茶瓮 [N]. 中国文物报，08-02.

变到质变的飞跃，从目前纪年墓资料证实，在109年前后，浙东地区烧制原始瓷的工艺技术水平不断提高改进，大约经过半个多世纪的发展，终于在东汉延熹七年（164）前后烧成了真正的瓷器，为与唐越窑进行区别，我们称之为早期越窑，主要以生产日常生活用具和明器为主。汉代提倡厚葬，人死后需制作明器陪葬。当时的宁波地区已属经济富裕地域，大批汉墓中出土了成批的实用器与明器，有罐、瓶、洗、碗、匜、簋、耳杯、盘、熏炉、虎子以及五联罐、井、鬼灶等。以青釉制品为多，也有不少酱褐色瓷器[①]。

（三）宁波早期越窑瓷器与湖州贮茶瓮之比较

2013年，当笔者在宁波市考古研究所主持科技保护工作时，曾为梁祝文化博物馆展品进行陈列修复，其中一个从梁山伯庙遗址发掘出土的黑釉席纹罍与湖州贮茶瓮极其相似，我们把两者做一个简单的对比。

1. 出土情况类似　湖州"茶"字贮茶瓮是1990年4月浙江省湖州市博物馆在对湖州市弁南乡罗家浜村窑墩头一处东汉晚期砖室墓进行抢救性考古发掘时出土的，同时出土的随葬品还有青瓷碗、青瓷盆和青瓷罐，根据判断，其年代应为东汉至三国。

宁波梁山伯庙位于鄞州区高桥镇，毁损于20世纪60年代初期，因建设梁祝文化公园需要，鄞州区文物管理委员会对庙遗址进行了发掘，据记载梁山伯庙始建于三国两晋时期，当时出土的器物还有青瓷罐、陶灶等。

据考古资料统计，有纪年的东汉墓的随葬品中也大都有浙东青瓷（黑釉）罐[②]，浙东青瓷又称早期越窑，这说明青瓷罐是东汉晚期时的大宗产品。这些罐有的有系钮，有的印有麻布纹、弦纹，青釉者居多。

---

① 林士民，林浩，2012. 中国越窑瓷 [M]. 宁波：宁波出版社.

② 林士民，1999. 青瓷与越窑 [M]. 上海：上海古籍出版社.

有纪年的东汉墓的随葬品中都有浙东青瓷（黑釉）罐

公元	年号	出土地点	纪年依据	出土青瓷	资料来源
67	永平十年	江苏邗江甘泉2号汉墓	纪年砖	罐	《文物》1981年11期
109	永初三年	浙江上虞篙坝墓	纪年砖	簋、钟、罐、钵、罍、耳杯	《文物》1983年6期
164	延熹七年	安徽亳县曹操家族墓	纪年砖	罐（麻布纹四系青瓷）	《文物》1978年8期
167	永康元年	河南洛阳唐寺门汉墓	纪年砖	罐	《中原文物》1984年3期
170	建宁三年	安徽亳县曹操家族墓	纪年砖	罐、罍	《文物》1978年8期
175	熹平四年	浙江奉化白杜	买地券砖	五联罐、灶、耳杯、香熏、井	《浙江文物考古所 研究所学刊》1981年1期
176	熹平五年	河北安平逯家庄壁画汉墓	纪年砖	罐	《光明日报》1972年6月22日
190	初平元年	河南洛阳烧沟墓	朱书陶罐	罐（麻布纹四系青瓷）	《中国陶瓷史》
196	建安元年	四川大邑县盐店	纪年砖	罐	《文物》1984年11期
196	建安元年	四川大邑县马王坟	纪年砖	罐及残片	《考古》1980年3期

　　有学者认为，历史上由于政治原因，越国、吴国等因为战争，国内的能工巧匠也在相互流通，德清窑和越窑虽然是两个不同时代的瓷窑，但两者有继承和发展的关系，也在相当长的历史时期内同时存在，并驾齐驱。

2. 器物大小形状相似　图示的两个器物尺寸分别为：湖州"茶"字贮茶瓮口径15.5厘米、底径15.5厘米、腹径36.3厘米、高33.7厘米，梁山伯庙的黑釉席纹罍口径17厘米、底径17厘米、腹径40厘米、高37厘米。器形较大，造型古朴。圆唇直口，丰肩鼓腹，小平底。轮制成型工艺明显。

湖州"茶"字贮茶瓮

梁山伯庙的黑釉席纹罍

3. 胎釉特点基本一致　宁波早期越窑青瓷，对拉坯焙烧小型器物的原料，都经过细致淘洗，因此，胎质细腻、气孔少，表面光洁，坚硬且薄。对大型器物则分为两种，如果是拉坯制品，在原料选择上用上等料，如果是泥条叠筑的较大器物则使用下等料，同时淘洗较差，一般有杂质，气孔也多。梁山伯庙的黑釉席纹罍很明显原料选用了上等料，胎质细腻且在器表施以黑褐色的深色釉，有聚釉现象。

湖州贮茶瓮的胎质紧密，釉面光滑，腹上部施酱色釉，有聚釉现象。二者胎釉特点基本一致。

4. 装饰工艺题材相同　东汉后期开始，宁波早期越窑装饰工艺有如下特色。

首先是纹样组合较简单、朴素。一般在壶、钟、盆等口、肩部上施成组水波纹与弦纹等，从构图上看，都具备了对称、统一且与疏密、曲直、粗细等技巧结合的和谐美。

其次装饰题材十分广泛且自然。在器物上刻画出水波纹、旋波纹、云气纹、松叶纹、羽毛纹、蝶形纹、网格纹、麻布纹、席子纹等，均取材于江河、气象、动物、植物以及渔猎工具等；而菱形纹、方格纹等几何纹是从线、面、多角形、立方体、球形等组合而来的。

比较二者装饰纹样，我们发现还符合以下特点：①二者都是用篦梳一类工具，在器物腹部打造出篦纹和菱形或席纹的组合图案。②二者器肩上所饰的两道弦纹均粗细规整，只是湖州器物多了一个"茶"字的下半部分，似是"茶"字简写。③做法一致的四个"系"都呈对称安装。

通过上述对比，说明东汉以后，宁波这种相同器形的贮物罐，也有作为茶器用于贮藏茶叶的可能，只是当时宁波茶事没能被记载，并流传下来而已。这也证明了当时湖州地区的制茶、饮茶和贮茶已经有相当规模，这个标注了"茶"字的专用贮茶器才会应运而生。

三、陆羽《茶经》奠定余姚地位

余姚是浙江绿茶和珠茶的重要产区，茶文化底蕴丰厚，悠久的茶事茶史在中国茶文化中占有一席之地，陆羽《茶经》从茶叶、茶事、茶具三个方面奠定了余姚的茶业地位。

其一，虞洪遇上丹丘子从而获得大茗的故事记载在晋代文献《神异记》，陆羽在《茶经》和《顾渚山记》中三次引用了这个故事，并记载余姚市出产的"瀑布仙茗"茶是浙东地区的优质茶叶。

其二，虞洪是晋代余姚人，他到余姚的瀑布山采茶一事，不仅是宁波的最早茶事，也是中国古代早期著名茶事之一。陆羽考察过余姚茶区，并先后五次记述了这件余姚茶事，并记入《茶经》。

其三，陆羽在《茶经》里盛赞越州（今绍兴、余姚等地）的茶碗类玉、类冰，这茶碗就是产自越州的越窑（秘色窑）的秘色瓷。

2007年，在余姚大岚瀑布泉岭发现了灌木型大茶树就是《神异记》和《茶经》里面记载的大茗遗存。

第二节　晋代宁波茶史略述

晋代宁波茶史涉及的茶事有两件：其一是宁波的早期越窑在东汉时期已经出现与湖州一样具有贮存茶叶功能的器具，说明宁波也有用早期越窑贮存茶叶的可能性；其二是到了西晋，有专门的辞赋记录越窑茶碗，与宁波茶有关的神话、传说、茶事记录也已经以文化的面貌出现，充分说明宁波茶文化在西晋已现端倪[1]。

从宁波茶文化发展史的整体来看，虽然这一时期的茶文化还仅仅处于萌芽阶段，茶风还没有普及到普通百姓，人们饮茶更多地关注于茶的物质属性，而不是其文化功能，但是仍为后代茶文化的发展和完善奠定了一定的基础。

一、西晋杜育《荈赋》赞誉越窑茶碗

在越窑的发展史上，到了西晋，随着茶文化的发展，越窑的茶碗在中国乃至世界最早介绍茶文化的《荈赋》中受到了极大的推崇。

《荈赋》作者是西晋的杜育，官至国子祭酒，才华横溢，整篇赋文工整优美，较为完整地呈现了茶的产地、生长、采摘、择水、择器、煎煮等场景，其中有："水则岷方之注，挹彼清流。器择陶拣，出自东隅[2]；酌之以匏，取式公刘。惟兹初成，沫沉华浮；焕如积雪，晔若春敷。若乃淳染真辰，色责青霜，白黄若虚。调神和内，惓解慵除。"在

---

① 竺济法，2018. 南朝之前古茶史 江浙地区最丰富——以文献记载和考古发现为例 [J]. 农业考古（5）：183–190.

② 隅：陆羽《茶经》引作瓯。

西晋末期这个兵荒马乱、民不聊生的年代里，作为地方官员的杜育却让我们感受到了那个时代的饮茶之道与饮茶境界。

文中"沫沉华浮，焕如积雪"说明饮茶不但要将茶碾成茶末，而且要"救沸育华"，这种精细的饮茶风尚催生了茶具的专业化，饮用的茶具便从饮食器中分化"器择陶拣，出自东瓯"。

对"瓯"的解释有多种，至今无定论。古籍《说文》：瓯，小盆也。形状呈敞口小碗式，饮茶或饮酒用，是一种放东西的器物。有学者认为，今温州地域内因为大量生产这种叫"瓯"的器物，所以就拿"瓯"这个字来给这个地方取名，"瓯"字出现了瓦字旁，很容易理解，应该指制陶器且窑业发达的小国；也有学者认为"瓯"作族称，是指在水泊边居住的人；也有学者主张将分布于东南沿海的越人称为东越或"东瓯"，将分布于岭南一部分人称为"西越"或"西瓯"。

陆羽在《茶经》里赞赏越州瓷器，还特别转引杜育《荈赋》语，并补充说，"瓯"之地名即为越州，而作为茶碗之"瓯"，也是越州制作的最好。

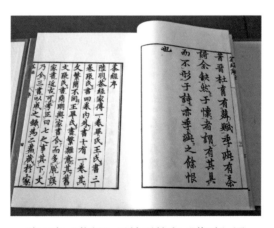

陆羽在《茶经》里转引杜育《荈赋》语

"瓯"现在作为温州简称之一，有学者认为"东瓯"是指浙江温州瓯窑瓷器，而非宁波的早期越窑。在温州瓯窑遗址出土物中，确实有不少青釉茶盏的残片，然而瓯窑产品大多为饼足，底部露胎，釉色青绿泛黄，玻化程度较高，但胎、釉的结合却不够理想，常开冰裂纹，且出现剥釉现象，这与陆羽盛赞越窑茶碗类玉类冰、精美绝伦的情况是不相符的。

二、西晋宁波茶叶茶事已有文献记载

宁波茶文化历史悠久，人文渊薮，早在晋代，史籍上便已经有文字记载。西晋（265—316）王浮所著的《神异记》是宁波最早有记载茶叶的文献，其中记载的"虞洪遇丹丘子获大茗"的故事证明了余姚已有茶的重要地位①。"茶圣"陆羽在《茶经》②中三次引用了该故事，分别是"四之器""七之事"和《顾渚山记》三个章节中，在第七部分茶事记录中则是全文引录，两次记载。

《神异记》是道士王浮所作的神异故事集，其中的"虞洪遇丹丘子获大茗"的故事虽文字简练，然而内涵却丰富，而且意义深远：余姚人虞洪，入山采茗，途中被一道士引至瀑布山，道士说："予，丹丘子也。闻子善具饮，常思见惠。山中有大茗，可以相给，祈子他日有瓯牺之余，乞相遗也。"因立奠祀。后常令家人入山，获大茗焉。③

茶圣陆羽

① 竺济法，2020. 宁波古今茶事人情之美 [J]. 农业考古 (2)：55-60.

② 王辉斌，2018. 陆羽著述考实【EB/OL】. https://www. 163. com/dy/article/DOKE58FR0521GV5Q. html.

③ 吴觉农，2005.《茶经述评》[M]. 北京：中国农业出版社.

该故事首先说明了余姚大岚瀑布岭有茶存在的事实。世界上任何一个民族都有属于自己的神话，它不仅是一种文化现象，还承载着一个民族久远的记忆。这些看似荒诞不经的神话背后，隐藏着先人某种模糊的历史记忆和文化心理范式，神异故事虽然是艺术创作，但艺术来源于生活，并高于生活，是当时人们对某些无法解释的自然现象的出现而造成的缺失环节进行"弥补"的有效工具。

其次说明了道教与茶的关系。道教自汉代创建以来，以对生命的珍重、对神仙的崇拜和对自然的敬畏而形成的道教文化在创新中不断发展，直至今日仍对国人的思维、生活风俗和健康方式产生极大的影响，"辟谷"是道士修炼的方法之一。"辟谷术"起于先秦，《大戴礼记·易本命》是集中描写秦汉之前一些礼仪的论著，其中写道："食肉者勇敢而悍，食谷者智慧而巧，食气者神明而寿，不食者不死而神。"道士所追求的最高目标就是"不死而神"，道士修道"顺乎地而食，顺乎天而乐"，除了限制饮食的同时需服用少量生药，故而寻找灵丹妙药亦是修道求仙的重要一环，对于能提神清脑，又是一种治病良药的茶叶，被道士发现后必会广泛运用，"饮之用，必先茶"，所以当自称丹丘子的道家，听说虞洪善于茶事，便请求虞洪能够给他一些茶饮品尝，同时作为回报，把他知道的山上有大叶茶树的情况告知对方，虞洪据此找到大茗后，立庙建祠祭祀丹丘子以表感恩之情，并常送茶水到庙里，可以让云游至此的道士有个歇脚之处。

最后证明了余姚大岚的丹山赤水地域是我国早期道士、道教汇集之地。道教认为，得道就是万物等同，余生长寿，归朴久乐。瀑布岭，终日云雾缭绕，下有丹山赤水，远离喧嚣，不让利害干扰自己心情，也不为别人役使，是道士寻访修心炼丹、求仙的好地方。"四窗岩"被道教奉为第九洞天，称"四明洞天"。在国学经典子部《太平广记》卷六十·女仙五中，记载上虞县令刘纲与妻樊夫人"有道术，能檄召鬼神，禁制变化之事"，"纲与夫人入四明山，路阻虎，纲禁之，虎伏不敢动，适欲往，虎即灭之。夫人径前，虎即面向地，不敢仰视，夫人以绳系虎于床脚下。纲每共试术，事事不胜。将升天，县厅侧先有大皂荚树，纲升树数丈，方能飞举。夫人平坐，冉冉如云气之升，同升天而去。"说明夫妻二人同在四明山修道，后一同飞仙升天。在这个道士、道家寻仙求真的区域，道士丹丘子的出现不是孤立偶然的事件，同时从指点余姚人虞洪采大茗，也反映出丹丘子对余姚丹山赤水一带的大茗情况了如指掌。

在道士陶弘景的《杂录》中载："苦茶轻身换骨，昔丹丘子，黄山君服之。"野航道人朱存理云："而茶不见于《禹贡》，盖全民用而不为利。"说明当时的茶叶是自采自给，并非是为牟利的商品，也可推测当时的道士是最早采茗饮茶者的可能。

第二章 ◎

隋唐五代宁波茶史略述

对于宁波茶史，茶文化学者、宁波东亚茶文化研究中心研究员竺济法在《上善若茶，为饮最宜》一文中说过"唐宋元明清，自古喝到今"最为贴切，道出了宁波悠久的茶文化历史。唐代由于经济文化和宗教活动的迅速发展，宁波茶业也获得了空前发展的机遇。除了有优质的茶叶，宁波茶文化到隋唐五代也已经十分丰厚。

茶圣陆羽在《茶经》里转载了宁波最早茶事虞洪入山采茗，但比陆羽更早的宁波籍学者已经对茶事进行了记录，也有对茶叶功效的应用进行了研究，使进入人们生活的具有食用功能、药用功能的茶上升至精神层面，奠定了"茶为国饮"的基石，也使茶文化初步定型。

在唐代，茶业在经济发展中起着不可忽略的作用，政府的财政收入因茶业有了大幅地增加，经济重心加速南移，同时也推动了制瓷业和交通运输业的发展。唐代茶业经济的发展，使饮茶风尚席卷社会各阶层，传播到诸多地区、民族，这一繁荣景象对后代茶文化产生了重要的历史影响，尤其是在促进中国多民族融洽、和谐，构建中华民族凝聚力方面有极为重要的作用①。

随着贡茶制度化、榷茶制首开茶政管理先河，"茶宴""斗茶"饮用之风日盛，"类冰似玉"的越窑青瓷独占鳌头，同时宁波茶文化开始对外传播，日本高僧学佛传茶，茶禅文化东传，将饮茶活动导入日本的寺院和上流社会，宁波为唐代茶禅东传门户。

作为海上茶路启航地的宁波，茶业的对外贸易也从唐代开始，开拓了"海上茶路"，与朝鲜半岛、日本列岛以及通过菲律宾群岛等，到达遥远的非洲埃及，组成了茶业的贸易圈。

---

① 王立霞，2011. 论唐代饮茶风习的兴盛及其对后代影响——兼论茶饮在中国多民族融和中的作用 [J]. 农业考古 (5)：123-130.

第一节　宁波茶业至隋唐已经兴起

在中国封建社会的发展过程中，唐代可以说是其鼎盛时期。在唐太宗登位后，为了吸取隋朝灭亡的经验教训，实施了一系列相对开放的政策，废除恶政，革除陋习，经济和文化的发展齐头并进，形成"贞观之治"的太平盛世。到了唐玄宗即位，对少数民族实行包容政策，民族关系得到改善，进一步实现国家统一。此外，农业的发展使唐朝除经济外，其他各方面都达到了很高的水平，国力空前强大，迎来了开元全盛时期，唐朝的经济文化有了质的发展和提高。但是到了唐玄宗末期至代宗初期，唐朝统治阶级为了权力发生内斗，引发了一场以安禄山、史思明为首的叛乱，史称"安史之乱"，这场战争使唐朝失去了大量的人口和国力，是造成唐朝由盛转衰的一个转折点。

"安史之乱"最终唐朝廷获胜，但地方割据局面开始形成，战争对唐朝的经济带来了巨大的影响，粮食的产量急剧下降，为了稳定局势，国家采取了限制酿酒业发展的策略，以确保国内的粮食储备。根据史书记载，在唐肃宗乾元元年曾对酒征收过重税，如在几文钱一斗米的形势下，一斗酒的价格竟然涨到了300文，于是一向饮酒作诗的文人们也开始喝茶，以茶代酒在当时成为一种时尚。

内战摧毁了北部的一些城市，于是经济中心渐渐向南方转移，同时南方温暖湿润的气候和低山矮丘本就适合茶树生长，与日益增长的茶需求相得益彰，刺激了茶叶的生产与发展，随着种植面积扩大，茶叶逐渐成为当时主要的经济作物，宁波的茶业也得到了较大的发展。

宁波茶业在历史上直接记载的文字不多，但是在最著名的《茶经》却有着一席之地，位于浙东地区的宁波在唐代已经是茶叶的产地之一，并且已经有了"瀑布仙茗"这样的好茶。

一、《茶经》记载唐代宁波已为国内产茶地之一

陆羽及其《茶经》在唐朝的出现，无疑是对茶文化的一个伟大贡献。陆羽（733—804）字鸿渐，自称桑苎翁，复州竟陵（今湖北天门）人，酷爱饮茶，曾广游天下名山大川，品尝各地所产茶叶和水质，在调查研究的基础上，总结前人植茶制茶的经验，系统归纳人们饮茶方式，结合个人心得体会，撰写出《茶经》，是中国乃至世界上现存最早、内容最完整的茶学专著。

在《茶经·八之出》中介绍了唐代茶的产地及各地茶叶的品质，记载了唐代的茶叶产区多达43州44县，茶叶产区范围大，遍及我国南方的大多数省份，分成八大产区，分别为江南、淮南、浙东、浙西、山南、剑南、岭南和黔中，同时陆羽还提出浙东地区茶叶以越州上，明州、婺州次，台州下。

（一）宁波唐时建城始称明州

浙东是唐朝江南道浙东观察使管辖区域的简称，因为观察使驻节越州，又以"越州"代指浙东。浙东诸地，北靠杭州湾，南与东分别与会稽山、四明山相连。

秦汉政归一统后，郡县推行，宁波开始设县置治，相继有句章、鄞、鄮、余姚四个县级政区，皆隶会稽郡（先后设治于今江苏苏州、浙江绍兴）。

秦汉以降，历经东吴、西晋、东晋和南朝宋、齐、梁、陈诸代，直至隋初，前后八百余年间，虽然会稽之名及其统辖之地时有变化，但今天宁波境域范围内句章、鄞、鄮、余姚四个县级政区设置（不含晋

时所置之宁海县）的总体格局并未发生大的改动。这其中的句章、鄞、鄮三县属地皆为后来明州辖区最为主要的组成部分，也是明州港城最为直接的历史源头。

长庆元年（821），明州刺史韩察将明州州治迁到三江口，并筑内城，标志着宁波建城之始，并因境内四明山之名，将城称为"明州"。

历史上的古鄞县管辖之地时有分割。《后汉书志·郡国四》注引《晋太康记》认为东汉章和元年（87）曾分古鄞县地置章安县，但并不确定；《元和郡县图志》记东晋永和三年（347）曾分古鄞县地置宁海县（一说西晋太康元年即280年置宁海县）。唐代初年，古鄞县地再次被分割，最终成为今天宁波市奉化区和鄞州区、宁海县、象山县的一部分。

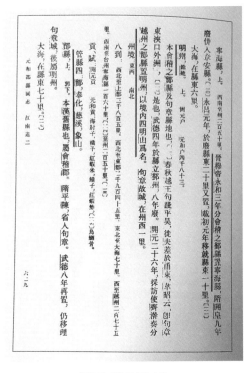

《元和郡县图志》

（二）茶经记载余姚、鄮县早有茶叶

《茶经》全书为十个部分，"一之源""二之具""三之造""四之器""五之煮""六之饮""七之事""八之出""九之略""十之图"，涵盖了茶文化主要内容，其中有两处谈及宁波茶事，说明唐时早期宁波已经产茶。

（1）陆羽在《茶经·七之事》中转载《神异记》中的人物"余姚人虞洪"、地点"至瀑布山"、事件"入山采茗，遇一道士……，令家人入山，获大茗焉"，明确点出"大茗"的产地为余姚瀑布山，并阐述了宁波名茶"瀑布仙茗"的缘由。

《神异记》茶事具有神话色彩，有人对余姚是否有过"大茗"有所疑虑，但是2008年6月在余姚梁弄镇道士山确实发现了一批高度超过3米、根部直径大于13厘米的古茶树，长在坡度超过60°的近山顶处。道士山是白水冲瀑布源头，溪多林密，是茶叶的绝佳产地，就是传说中当年虞洪寻"大茗"遇丹丘子的地方。

浙江地区很少有大茶树，仅景宁县发现过一颗乔木型大茶树[①]，但余姚的古茶树长势优良，并且有一个古茶树树根遗存，断口处抽出了新芽。2009年5月20日，宁波市人民政府在此设立了"瀑布泉岭古茶树碑记"，宁波市著名书法家曹厚德先生为此题写了"宁波茶赋"并撰写赋文，表明余姚自古就有产茶的历史。

（2）《茶经·八之出》又载："浙东以越州上（余姚县生瀑布泉岭曰仙茗，大者殊异，小者与襄州同），明州，婺州次（明州鄮县生榆荚村，婺州东阳县东白山与荆州同）。"[②]这里陆羽提到了宁波地区两地名茶。一处是"余姚县生瀑布泉岭"，另一处是"鄮县生榆荚村"，后者至今尚未确认，有指榆荚村在宁波东钱湖畔，也有取其谐音，指鄞州区甲村（或葛村），但无论何处，都说明鄮县这一带唐代已出产名茶。

二、唐代宁波已有公认名茶

茶作为中国古代的一种经济作物，随着社会经济的发展和农业生产水平的不断提高，茶业也得到了迅速的发展。尤其是中唐以后茶的生产、贸易和消费日益壮大，出现了以四川蒙顶为最的名茶，以浙

---

① 竺济法，2009. 陆羽五记余姚茶事 [C]// 姚国坤. 2009中国·浙江绿茶大会论文集. 北京：中央文献出版社.

② 郑柔敏，2019. 陆羽茶经 [M]. 沈阳：辽宁科学技术出版社.

江顾渚的紫笋茶与江苏宜兴的阳羡茶为代表的贡品茶,《旧唐书·文宗下》中记载"(大和)七年春正月乙丑朔,御含元殿受朝贺……故书,吴、蜀贡新茶,皆于冬中作法为之,上务恭俭,不欲逆其物性,诏所供新茶,宜于立春后造",①是从史籍中可查到的唐代其他地区已有贡茶的记录。唐时宁波茶虽无贡茶记录,但茶叶品质和特点却已有直接的文字记载,说明四明山瀑布泉岭一带的茶,已成为公认的名茶。

(一)以瀑布仙茗为代表品质优异

陆羽的《茶经·八之出》不仅仅将"瀑布仙茗"列为全国十二种名茶之一,而且记载了这个茶名的由来。陆羽亲自走访了当时8个道、43个州郡、44个县,进行实地的调查与研究,并经过分析比较所得,得出浙东地区的余姚瀑布泉岭产的仙茗,特别是大叶茶的品质尤其优异的结论。

(二)作为浙东茶代表色香味俱佳

初唐重臣余姚人虞世南(558—638),字伯施,唐代书法家、诗人、凌烟阁二十四功臣之一。初为隋炀帝近臣,官起居舍人,入唐为弘文馆学士,官至秘书监,封永兴县子(故世称虞永兴),编著的类书《北堂书钞》中酒食部三·茶篇八上记载了宁波唐时茶事,引录了西晋张载《登成都白菟楼诗》中"芳茶冠六清,溢味播九区"来形容浙东茶的清香之味;杜育《荈赋》中以"焕如积雪,晔若春敷"来描述浙东茶的茶汤之美。

---

① (后晋)刘昫等,1997.旧唐书(第1册)[M].陈焕良,文华,点校.长沙:岳麓书社.

第二节　隋唐五代宁波茶文化发展迅速

一、两本早于《茶经》问世的古籍

著名的陆羽《茶经》的问世，是建立在有相当规模的茶叶生产和丰富的采制经验上，但现代研究表明，宁波人虞世南《北堂书钞》和陈藏器的《本草拾遗》的问世，明确提出茶叶的特点和药用，说明宁波人比陆羽更早就对茶叶有了研究，并已有著述。

（一）《北堂书钞》反映隋唐明州茶业的繁荣

隋代（581—618）茶的饮用逐渐开始普及，隋文帝杨坚则是茶文化的助推人。据《古今说部丛书》《茶董·卷上》记载：隋文帝微时，梦神人易其脑骨，自尔脑痛。忽遇一僧云："山中有茗草，服之当愈。"进士权纾赞曰："穷《春秋》，演《河图》，不如茗草一车。"待隋文帝统一了南北，臣民们闻知此事，纷纷采茶饮茶。饮茶风气广泛流行，并推广到了黄河流域，饮茶不再被鄙视为"酪奴"。《隋书》上说："由是竞采，天下始知茶。"隋炀帝近臣、初唐重臣、著名书法家余姚人虞世南在隋当秘书期间编纂《北堂书钞·茶篇》，记载了12则茶事。

1. 芳冠六清，味播九区
2. 焕如积雪，晔若春敷
3. 调神和内，倦解慵除
4. 益气少卧，轻身能老
5. 饮茶饮，人少眠
6. 愤闷恒仰真茶

7. 酉平羃卢

8. 武陵最好

9. 饮以为佳

10. 因病能饮

11. 密赐当酒

12. 饮而醉焉

虞世南比《茶经》作者陆羽（733—804）早出生175年，《北堂书钞》的成书时间要远早于《茶经》。北堂是隋朝秘书省的后堂，《北堂书钞》则是虞世南在隋朝任秘书郎时编的一部类书，将群书中可以引用、查阅的重要事物摘录编纂在一起，汇编成书，使人们对茶的认识更趋于全面。

（二）《本草拾遗》早于《茶经》记载茶功茶效

宁波鄞州区大医家陈藏器，素好医道，专心攻研药学，尤喜读本草之书。《浙江历代医林人物》载：陈藏四明人，为唐代著名药物学家、方剂学家。民国《鄞县志·文献志》载："陈藏器于唐开元中，任京兆府三原县尉……"美国加利福尼亚大学教授，《唐代的外来文明》一书的作者爱德华·谢弗（Edward Schafer），称陈藏器为"八世纪伟大的药物学家"。《本草拾遗》通称《拾遗》，别名《陈藏器本草》，早于《茶经》记载了茶的功效、药用价值，还首次提出茶可以瘦身减肥

《本草拾遗》

的观点。《四明谈助上》记载，在《鲒埼亭集·外编》中，全祖望认为陈藏器著《本草拾遗》，是为四明医学之初祖。

陈藏器广集诸家方书如《本草经》《神农食经》《桐君录》《博物志》《杂录》《食论》《食疗本草》及朝廷颁布的第一部官方药典《唐本草》等，从民间涌现出大批单方、验方中提取出当时所用新药，在开元二十七年（739）撰成《本草拾遗》，包括《序例》一卷、《拾遗》六卷、《解纷》三卷，是一部承前启后的在《茶经》之前记载茶功茶效的医药学巨著。据研究，《本草拾遗》引用的文献达127种，可见陈藏器的采集之广和研究之深①。

在唐朝的医学研究中，茶叶是作为能发挥医疗功效的众多药物中的一种，就如唐朝孟诜《食疗本草》中描述的，能"利大肠，去热解痰""茶主下气，除好睡，消宿食"，陈藏器在此基础上还首次提出茶"久食令人瘦，去人脂"。

除了攻读医书，陈藏器还对茶叶进行广泛的采集研究，在他的《本草拾遗》中，还记载了"皋芦木"，认为这种似茶非茶的植物有与茶类似的形状（"叶状如茗，而大如手掌"），如果泡饮，则具有和茶类似的功效。《本草拾遗》既吸收了众多的民间医学成就，也勇于实践，并提出自己的创见，其内容的丰富性和广博性，反映出陈藏器对医药学多方面的贡献。

（三）奉化林逋茶诗记载品茶感慨及寺院茶鼓史实

林逋（967—1028），字君复，宋仁宗赐谥"和靖先生"。据宁波奉化《黄贤林氏宗谱》记载，林逋生于黄贤，系林氏第12世孙，故宅在奉化大脉吞口（今大茅吞），世称"梅妻鹤子"，写出著名咏梅绝句《山园小梅》的北宋隐士诗人，诗作之中常溢茶香，存世的300余首诗作中，涉茶的有20多首，其中《茶》《西湖春日》《尝茶次寄越僧灵皎》等篇不失为著名茶诗。

诗作大多散佚，存世的《林和靖诗集》据称仅为其所作十之一二

---

① 竺济法，2011. 陈藏器《本草拾遗》载茶功 [J]. 茶博览（1）：64-67.

而已。香茗是林逋继梅、鹤之后的又一心爱之物，他的《陆羽〈茶经〉伴山居》："石辗轻飞瑟瑟尘，乳花烹出建溪春。世间绝品人难识，闲对茶经忆古人。"是咏茶的代表作之一，点出了宋代碾茶、点茶的特征，还感慨撰写旷世奇作《茶经》的陆羽无缘识得这世间绝品。

另有《西湖春日》诗句："争得才如杜牧之，试来湖上辄题诗。春烟寺院敲茶鼓，夕照楼台卓酒旗。"[1]也说明了寺院有敲茶鼓的事实。林逋还用"白云峰下两枪新，腻绿长鲜谷雨春。静试恰如湖上雪，对尝兼忆刬中人。"[2]来描写西湖的白云茶。

林逋的书法、诗词成就很高，陆游称赞其书法"高绝胜人"，苏轼则赞扬林逋的诗书及人品，并为其书题写诗跋："诗如东野（孟郊）不言寒，书似留台（李建中）差少肉。"[3]林逋性情孤傲又洁身自好，自甘贫困，40余岁后隐居杭州西湖，结庐孤山，常驾小舟遍游西湖诸寺庙，与高僧诗友相往来，与范仲淹、梅尧臣有诗唱和。丞相王随、杭州郡守薛映均敬其为人，又爱其诗，时趋孤山与之唱和，并出俸银为之重建新宅。

二、越窑茶具独领风骚

在唐代，唐人已经普遍饮茶，饮茶之风盛行，开门七件事，柴、米、油、盐、酱、醋、茶，茶被列为日常生活的七大必需品之一。饮茶方式改变，饮茶用具开始讲究，茶具形制逐渐完备，加之文人雅士推波助澜，"茗战"出现，宁波的越窑青瓷茶具与当时"青则益茶"的审美需求不谋而合，终成千古一绝。

（一）唐人普遍饮茶，茶具多为瓷质

随着社会经济发展、农业生产水平不断提高，唐代的茶业均获得

---

①②③ （宋）林逋，1986. 林和靖诗集 [M]. 沈幼征，校注. 杭州：浙江古籍出版社.

了快速发展。在历史文献和诗词歌赋中，对唐人百姓生活中饮茶的日常都有记录和说明。

如日僧释圆仁在《入唐求法巡礼行记》卷二中就多次记录了乡间吃茶的情况：书中记述了开成五年三月，在莱州掖县，"斋后，行十里，至乔村王家吃茶"；开成五年四月廿二日，在镇州，"到南接村刘家断中，不久便供饭食，妇人出来慰客数遍，斋了吃茶"①。这些都说明，开成年间即使在简陋的农家生活中，茶也是必备的饮品。

又如在唐代封演撰写的《封氏闻见记》卷六中记录了"茶道大行，王公朝士无不饮者"②的盛况；五代刘昫等撰写的《旧唐书》一七三卷里描绘了"茶为食物，无异米盐，于人所资，远近同俗，既祛竭乏，难舍斯须，田间之间，嗜好尤切"③的景象；在清代彭定求等编的《全唐诗》卷一百九十八中诗人岑参作诗《闻崔十二侍御灌口夜宿报恩寺》发出了"然灯松林静，煮茗柴门香"④的感慨。总之，唐时社会各阶层对饮茶的推崇是显而易见的，尤其是中唐以后茶的生产、贸易和消费日益壮大，茶已由最初的药用、食用直至逐渐成为人们日常生活必需品⑤。

到了隋唐，瓷器已经发展得相当成熟，因为比陶器精细，比昂贵的金属器皿便宜，所以瓷质茶具在长时期内能成为大众首选的茶具。

（二）文人雅士推波助澜，越瓷符合审美

在唐朝茶文化从形成到繁荣的整个过程中，文人雅士的推波助澜和积极参与是功不可没的。盛唐时期出现的唐诗，以其和谐的韵律，丰富的词句，诗的篇目短小但却意味深长成为古代重要的文学形式。诗人的作品都是与他身处的时代相关联，有着强烈的时代感，如盛唐

---

① （日）释圆仁，2007. 入唐求法巡礼行记校注 [M]. 石家庄：花山文艺出版社.
② （唐）封演，2005. 封氏闻见记校注 [M]. 赵贞信，校注. 北京：中华书局.
③ （五代）刘昫，等，2002. 旧唐书 [M]. 1975年版. 北京：中华书局.
④ （清）彭定求，等，1999. 全唐诗 [M]. 中华书局编辑部，点校. 北京：中华书局.
⑤ 高希，2012. 唐代茶酒文化研究 [D]. 北京：首都师范大学.

时期的李白，安史之乱后的杜甫和晚唐时期的白居易，但他们的诗歌中大都有与茶相关的题材，如李白《答族侄僧中孚赠玉泉仙人掌茶并序》："惟玉泉真公常采而饮之，年八十余岁，颜色如桃花。而此茗清香滑熟，异于他者。所以能还童振枯，扶人寿也。余游金陵，见宗僧中孚，示余茶数十片，拳然重叠，其状如手，号为仙人掌茶。盖新出乎玉泉之山，旷古未觌。"①"茗生此中石，玉泉流不歇。根柯洒芳津，采服润肌骨。丛老卷绿叶，枝枝相接连，曝成仙人掌，似拍洪崖肩。"②他们从饮茶品茗中探寻自然之美、品赏生命之乐、体悟人生之理，还有杜甫《重过何氏》"落日平台上，春风啜茗时"，白居易的《琴茶》"琴里知闻唯渌水，茶中故旧是蒙山"等，都是唐代独特的茶文化见证③。

出于对饮茶清雅之韵的追求，从唐代开始，每当新茶上市，文人们小聚时还常常做一种高雅的游戏，美其名曰"茗战"，俗称"斗茶"，这原是新茶制成之后评比茶叶优劣的一项比赛活动，因为有比技巧、斗输赢的特点，所以富有趣味，不仅比茶叶，也比茶具，是一场深受文人喜爱的游戏。

前人品茶要有四大要素，茶、水、器、火，缺一就难以进入品茶的纯净境界。晚唐五代，出现了一种"点茶法"的饮用方法，当时的越窑茶具发展至此，刚好与"茗战""青则益茶"的审美需求不谋而合，越窑青瓷一跃成为茶具中的翘楚。

在陆羽《茶经·四之器》中，还盛赞古余姚今慈溪上林湖一带所产越窑茶碗类玉类冰："碗，越州上，……或者以邢州处越州上，殊为不然。若邢瓷类银，越瓷类玉，邢不如越一也；若邢瓷类雪，则越瓷类冰，邢不如越二也；邢瓷白而茶色丹，越瓷青而茶色绿，邢不如越三也。……越州瓷、岳瓷皆青，青则益茶。"④就是对宁波上林湖所产青瓷极高的评价。

---

① 李白，杜甫，2009. 李白杜甫诗全集 [M]. 北京：北京燕山出版社.
② 张杰，2015. 诗品茶香——中国古代茶诗佳作鉴赏 [M]. 贵阳：贵州人民出版社.
③ 金妍，2016. 茶文化在现代茶叶包装设计中的体现 [J]. 福建茶叶（3）：206-207.
④ 陈明星，朱刚，2019. 茶经 [M]. 北京：北京时代华文书局.

（三）越瓷茶具的特色

1. 造型丰富　唐代对茶事的日益讲究，丰富了越瓷茶具的造型，这也表明了茶具功能的细化。同时，不同的饮用方式，也影响着茶具的造型。

唐时，越瓷茶具造型以花瓣式居多，有葵花式、荷叶式、海棠式等，这种将茶盏设计成边沿起伏，宛如绽放之荷花，而托具又呈一卷边荷叶，在清澈典雅釉色映衬下，再配以嫩翠飘逸的茶叶，饮品之时则顿有"枣花势旋眼，苹沫香沾齿"之美感，真乃妙不可言。

碗是越窑青瓷茶具中常见之物，尤其在唐人的诗文中多有精彩描述。陆羽认为，越窑青瓷碗的最好造型是"口唇不卷，底卷而浅，受半升（约300毫升）已下"的小碗。所谓"口唇不卷"，是说碗的口唇薄平而外侈，"底卷而浅"则是指底壁宽厚的浅圈足而言。像这样的茶碗，不仅饮用适口，而且易于把握，平稳，又不烫手。

唐越窑荷叶带托茶盏

唐越窑划花花口盏

唐代茶具中还有一种典型的器物便是执壶（又称注子），唐初多继承前代传统，为鸡首壶。中唐以后，执壶变为喇叭口，流较短，流外壁为六至八边形，腹部肥大，配有宽扁形把手。作为"止沸育华"的茶具执壶，为了多装水和控制投水入锅的流量，好使浮在水面的茶花变化更多，涌出的时间更长，于是正像该执壶一样，将瓶颈拉高，瓶嘴也相应做成一个几乎与瓶颈等高并稍见弯曲的细长形，不仅使其造型显得更加清秀，而且也防止瓶内的水从喇叭形的口沿溢出。

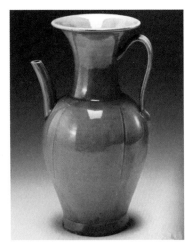

唐越窑瓜棱执壶

2. 釉色类冰似玉　陆羽认为越州窑烧造的淡青色茶碗能与绿色的茶汤相映生辉，"半瓯青泛绿"，从而达到"益茶""沁心"的效果。唐青瓷碗之造型，不同时期有不同之特征，初唐时为盅形，直口深腹，圆饼足；中晚唐时流行玉璧底碗和圈足碗。再加上里外一色"类玉"般的青釉，莹润明洁，使得满满的一碗茶水，显得更加青绿，馥香扑鼻。陆羽多次称赞的"越瓷青而茶色绿""青则益茶"，即是通过越窑瓷碗工艺道出了饮茶人美的遐想。

我国古瓷有尚青的习俗，《景德镇陶录》卷九中记载："自古陶重青品，晋曰缥瓷，唐曰千峰翠色，柴周曰雨过天青，吴越曰秘色，其后宋器虽具诸色，而汝瓷在宋烧者淡青色，官窑、哥窑以粉青为上，东窑、龙泉其色皆青，至明而秘色始绝。"[1]至于陆龟蒙的《秘色瓷器》"九秋风露越窑开，夺得千峰翠色来。好向中宵盛沆瀣，共嵇中散斗遗杯"更为歌咏青瓷之千古绝唱[2]，同时，也把越瓷的文化品质演绎得淋漓尽致。

3. 秘色瓷之"秘色"探讨　一直以来，人们对于秘色瓷之"秘色"含义缺乏共识。法门寺地宫出土的2件黄釉秘色瓷碗和5件青釉秘色瓷碗，系专为皇帝制作的饮茶器具，为宫廷御用极品，轻旋如薄冰，远观如明月染春水。法门寺地宫秘色瓷的面世，并没有止息人们对秘色瓷的探讨争议，反而使之更加激烈。根据唐代史料中关于"秘"

① 傅振伦，1993.《景德镇陶录》详注 [M].孙彦，整理.北京：书目文献出版社.
② 林士民，林浩，2012.中国越窑瓷 [M].宁波：宁波出版社.

字的含义，可以判断秘色瓷之"秘"无关颜色，秘色瓷应理解为瓷器中的奇珍异宝。法门寺博物馆馆长任新来认为："秘色瓷之'秘'，与釉色、产地无关，更多关乎等级、品类，即皇家机密，民间不得仿制，亦不可僭越使用""法门寺出土的皇家秘色瓷碗，釉面肥厚温润，光影下如盛一碗清水，远非一般越窑薄釉青瓷可比，应是专门烧造。"

（四）越瓷茶具的出土与产地

随着饮茶风尚的盛行，茶具就成为必不可缺的用具，这就有力地刺激了越州、明州瓷器茶具的生产。慈溪上林湖一带为越窑青瓷最重要的窑场之一，宁波东钱湖和奉化等也有窑场，茶具是越窑青瓷的主打产品之一。

慈溪上林湖越窑青瓷窑场

唐代越窑，据宁绍地区考古调查资料表明，上虞市唐代窑址28处，鄞州区东钱湖3处，慈溪市上林湖81处；五代北宋窑址，上虞市42处，东钱湖30余处，上林湖猛增到153处[①]。

从这一事实说明越窑中心产地在上林湖，朝廷率先在上林湖设"贡窑"并"置官监窑"烧制秘色瓷，其产

东钱湖上水岙窑址

---

① 林士民，林浩，2012. 中国越窑瓷 [M]. 宁波：宁波出版社.

品与金银、宝器、丝绸珍品并列，使越窑成为全国青瓷名窑之首，许多文人纷纷吟诗作赋来赞美越瓷。据文献记载和考古资料证明，越窑为宫廷烧制秘色瓷自唐至宋，历时达300年之久。越窑青瓷中的佼佼者秘色瓷是专为宫廷烧制的，其窑也可称为秘色窑。

秘色瓷典型器分布

公元	年号	出土遗址	出土器物	资料来源
810	元和五年	浙江绍兴古城村户部侍郎北海王府君夫人墓	执壶、唾盂、盘、盒	《中国青瓷史略》《故宫藏瓷选集》《世界陶瓷全集》
819	元和十四年	浙江嵊县升高二村唐墓	蟠龙罂、碗、多角瓶	《中国陶瓷全集》《中国陶瓷·越窑》
826	宝历二年	江苏镇江市磷肥厂殷府君墓	执壶、碗	《考古》1985年2期
840	开成五年	安徽合肥市唐砖室墓	玉璧底碗	《文物》1978年8期，《中国陶瓷全集》
847	大中元年	上海博物馆藏	划花瓜棱壶，壶身刻有"会昌七年改为大中元年三月十四日清阴故记之耳"铭文	《中国青瓷史略》
848	大中二年	浙江宁波和义路遗址	印花寿字云鹤纹"大中二年"铭碗。共存执壶、玉璧底碗、盘、盏托、盒等	《文物》1976年2期
851	大中五年	浙江绍兴县唐墓	青瓷盘、玉璧底碗	1992年香港大学亚洲研究中心国际学术会议论文集，1994年英文版
871	咸通十二年	陕西西安市枣园张叔尊墓	八棱净水瓶	《文物》1960年4期，《文物》1968年10期

公元	年号	出土遗址	出土器物	资料来源
874	咸通十五年	陕西西安市法门寺地宫	八棱净水瓶、荷花碗、平地盘、银扣碗等秘色瓷	《文物》1988年10期，《考古与文物》1988年2期
887	光启三年	浙江慈溪上林湖吴家溪唐墓	墓志由盘、罐、盖组合，上书"光启三年……殡于当保贡窑之北山"	《中国古陶瓷研究》第二辑，《中国陶瓷·越窑》
900	光化三年	浙江临安钱宽墓	盒、盏、四系罐上书官字款	《文物》1979年12期
901	天复元年	浙江临安西市明堂山钱宽夫人水邱氏墓	褐彩云纹油灯、云气纹罂、香炉、碗、双系罐、四系坛、粉盒、油盒、器盖	《浙江省文物考古研究所学刊1981》，《中国陶瓷全集》，《考古》1983年12期
10世纪初		浙江临安板桥吴随□墓	四系褐彩云纹罂、钵、釜形器、官字款罐、碗、褐彩器盖	《中国陶瓷全集》，《文物》1975年8期
942	天福七年	浙江杭州市玉皇山文穆王钱元瓘墓	浮雕双龙瓶、划花执壶、方盘、凤形划花盖、洗、碟	《文物》1975年8期，《考古》1975年3期
946	开运三年	浙江杭州三台山墓	碗、洗、瓜棱执壶、盏托、盒	《考古》1984年11期
952	广顺二年	浙江杭州施甲山吴汉月（钱元瓘次妃）墓	碗、洗、瓜棱执壶、盒、盏托	《考古》1984年11期
961	建隆二年	江苏苏州虎丘塔塔内	莲花纹高足碗、托	《文物》1957年11期，《中国陶瓷·越窑》
978	太平兴国三年	浙江慈溪上林湖窑址	"太平戊寅"铭文碗、盘等	《考古学报》1959年3期

公元	年号	出土遗址	出土器物	资料来源
995	统和十三年	北京八宝山辽韩佚夫人合葬墓	线刻人物座饮图执壶、鹦鹉纹温碗、蝶纹托、碟、碗	《考古学报》1984年3期
998	咸平元年	浙江绍兴宋墓	刻莲瓣纹四系粮罂	《浙江省文物考古所学刊1981》

第三节　唐时宁波茶禅文化已交融

由于国力的强盛，使得唐朝在思想文化上有着兼容并蓄的态度，加上唐朝大力推崇宗教，使得儒道释得到全面的发展，三教地位各不相同，遵循着"以佛治心、以道治身、以儒治世"的思想理念。

喝茶可以修身养性、陶冶情操，又具有提神养心、缓减饥饿感的作用，所以茶水是禅宗僧人静心、自悟、参禅时必不可少的修行法宝，并与佛道的精神相通，对茶文化的发展起到了推动作用。

一、国内高僧推动茶禅发展

（一）百丈怀海倡导农禅并举制定"百丈清规"

唐大历元年（766），高僧百丈怀海①云游到金峨山，就结庐建寺，

---

① 谢重光，2011. 百丈怀海禅师 [M]. 厦门：厦门大学出版社.

创建了金峨寺罗汉院。唐朝佛教最鼎盛的时候，除禅宗外，还有天台宗、法相宗、三论宗、华严宗、律宗、净土宗、密宗和三阶教等，但如今讲到唐代佛教茶文化，大都是指禅宗，这应得益于宁波金峨寺的开山祖百丈怀海禅师开创的"一日不作，一日不食"的农禅并举，即把农业劳动与禅修结合起来，在修行悟道的同时，为僧侣的生活提供了物质保障，是对中国传统文化中重视劳动、反对乞食和不劳而获的思想表示肯定，符合中国当时的小农经济条件，使得禅宗迅速发展成为中国佛教的主流宗派，成为中国化的佛教。

百丈怀海大师

"百丈清规"正是这一禅宗生产、生活方式演变的结晶，"天下禅宗，如风偃草。"①百丈怀海禅师创导制订的《百丈清规》②，详尽规范细致地记载佛门茶事，通过在寺院周围种植茶树，到制定茶礼、设茶堂、选茶头，直至专呈茶事活动等，都有严格的组织和规则管理。

为了保证茶禅兴旺发展，寺院还专门设置茶园，有人种植与管

---

① ② （唐释）怀海，2000．敕修百丈清规 [M]．北京：线装书局．

理，这些茶园所种的茶，除了上供诸佛及历代祖师之茶称为"奠茶"外，大量的还是供用于茶禅，茶会、茶宴、论理佛禅、茶禅一体，所以把饮茶（茶礼）也正式列入《百丈清规》中，"吃茶"在禅人们修行过程中，就是含隐着坐禅、谈佛的意思。如"清规"中的《旦望巡堂茶》（旦即初一，望即十五，巡堂即在僧堂内按一定路线来回走），也是住持上堂说法，下座巡堂吃茶。大众至僧堂前，依念诵图，次第巡入堂内。

禅堂茶礼贯穿于佛教活动的整个过程，是中国茶文化与禅文化交相融合的表现。

（二）天童咸启首倡"且坐吃茶"公案

天童禅寺自西晋义兴始祖开山以来，传承有序，禅风远播，僧众兴盛，天童山的茶文化源远流长，自唐代咸启禅师首倡"且坐吃茶"，茶禅之风继兴。

赵州禅师的"吃茶去"公案是中国历史上著名的茶文化典故之一。赵州禅师（778—897）得法于南泉普愿禅师，是唐代的禅宗名僧，法号从谂，是禅宗六祖慧能大师之后的第四代传人，对禅学与茶学都有很高的造诣。因住赵州观音院长达四十年，人称"赵州古佛"，对佛教传扬不遗余力，时

真际禅师的吃茶去

谓"赵州门风"。唐乾宁四年十一月二日，右胁而寂，寿一百二十岁，谥号"真际禅师"。

《五灯会元》卷四详细记录了关于"吃茶去"的这则公案：一日，两位刚到寺院的行脚僧人慕名来找赵州禅师，请教修行开悟之道。师问新到僧："曾到此间么？"曰："曾到。"师曰："吃茶去！"又问僧，僧曰："不曾到。"师曰："吃茶去！"后院主问曰："师父，为什么曾到也云吃茶去，不曾到也云吃茶去？"师招院主，主应诺。师曰："吃茶去！"

对于这段赵州"吃茶去"公案，大家都已耳熟能详，但在《五灯会元》卷十三亦有天童寺咸启禅师与"且坐吃茶"的公案记录，时间上更早于赵州"吃茶去"。

大中元年（847），咸启禅师主持宁波天童寺，弘扬洞山宗风，是曹洞宗发愿伊始。天童禅寺作为佛教文化传播的重要节点，2016年与保国寺、永丰库遗址和上林湖越窑遗址一起，作为申报城市之一宁波的遗产点，列入了我国申遗推荐项目的预备名单。1700多年前，天童寺曾迎来沿着海上丝绸之路传来的印度佛教，又沿着海上丝绸之路将本土化后的佛教送到日本。天童寺在"海丝"路上的功绩，不仅仅限于佛教文化交流，与之相关的茶文化、建筑文化、石雕艺术、书画艺术、陶瓷文化等也源源不断地融入日本，它对中国文化东传起了很大作用。

古天童茶园举行己亥年"明前茶"开摘仪式

印度佛教传入中国后，通过佛教文化与中国文化完美结合，形成禅宗文化。唐会昌、大中年间（841—860）咸启禅师主持天童，时值曹洞宗创建伊始，师于天童弘扬洞山宗风，并以寺充十方丛林。自此，天童寺跻身中国名寺之列，在风云起伏的时代更迭中始终顽强屹立。

《天童寺志》记载："曹洞宗自咸启始，继席则义禅师，其昆季也。"咸启接机善用诗偈，《景德传灯录》卷十七和《五灯会元》卷十三都有详细记录传记偈谶和"且坐吃茶"茶语[1]，唐大中元年（847），明州天童咸启禅师：

问伏龙："甚处来？"

曰："伏龙来。"

师曰："还伏得龙么？"

曰："不曾伏这畜生。"

师曰："且坐吃茶。"

《景德传灯录》是吴僧道原在北宋真宗朝所做的禅宗灯史，内容是记录禅宗师徒相承的言行和事件，涵盖了从过去七佛到五代文益的法嗣，共计1 701人，有言语记录的则达到951人。道原解释以灯史作为书名，是因为灯能在黑暗中照明，且能祖祖相授、以法传人，犹如传灯。灯录是介于僧传与语录之间的一种文体，为禅宗首创，实际上是一部禅宗思想史，侧重记录禅师语录的精要，但又是按照授受传承的世系进行编列。

《景德传灯录》由三十卷，以及前言及四篇附录、序跋等人名索引组成，其中共有18位禅师20多次用到"吃茶去"这句禅语，大多数都是用于回答学者提出的问题。不仅仅是对佛法大义、禅宗真谛追问等问题的回答，还有对一些看似一般问题的回答，以"吃茶去"作为悟道的机锋语，对佛教徒来说，既平常又深奥，能否觉悟，则靠自己的灵性了。但概括起来大致有几种意思：一是强调禅宗的

---

① 王孺童，2018. 王孺童集 [M]. 北京：宗教文化出版社.

"自悟自参"，不要什么问题都拿出来问，"吃茶去"，自己找答案；二是有意回避问题，"吃茶去"，不该问的就不要问；三是禅师回答不了的问题，也不想去深究，用一句"吃茶去"敷衍一下，给双方一个体面的台阶转移话题；第四是希望对方不要打瞌睡，"吃茶去"，脑子可以清醒一些。总之，"吃茶去"就像禅门中通行的问答解救"法门"，这三字一出，大家心领神会，就此打住，不再深究，是禅宗讲究顿悟的体现，认为何时何地何物都能悟道，极平常的事物中也蕴藏着真谛。

（三）五代永明"茶堂贬剥"禅语出新意

五代十国期间，明州翠岩院永明令参禅师留有禅语"茶堂里贬剥去"，该公案稍晚于"吃茶去"，两者有异曲同工之妙。

《景德传灯录》《五灯会元》记载该公案"茶堂里贬剥去"之禅语，载于北宋《景德传灯录》卷十八、南宋《五灯会元》卷七，其中《景德传灯录》记载如下：**明州翠岩永明大师令参，湖州人也。自雪峰受记，止于翠岩，大张法席。问："不借三寸，请师道。"师曰："茶堂里贬剥去。"**[①]

该公案中"茶堂"两字透露出重要信息，说明当时翠岩院已经设立专门用于喝茶之茶堂，说明佛门对茶事之重视，而此前天童寺咸启禅师、柏林赵州从谂禅师均未见茶堂之记载[②]。

二、唐代宁波已成为海上茶路启航地

唐朝政治开明、国力强盛，与邻国关系友好。为了彰显国恩，朝廷举办宫廷茶宴招待各地的达官显贵和使节，把茶叶作为礼尚往来的礼物作为回赠，同时朝廷还经常向中国北方的少数民族回纥、吐蕃等

---

① 竺济法，2021. "茶堂贬剥"出新意 [J]. 茶道 (8)：85.
② 竺济法，2021. "茶堂贬剥"出新意 [J]. 茶道 (8)：86.

赠送茶叶，安抚他们，逐渐将茶文化推广到周边地区。

发达便捷的交通也为唐代茶的流通提供了有利条件，促进了茶文化的传播。宁波依赖地理优势成为全国最大的开埠港口，与日本、高丽均有非常频繁的贸易往来，茶叶传播除了通往中国的海上近邻日本和高丽，还能经宁波、泉州和广州的港口入海，直接横跨太平洋运往美洲、南洋，再驶过印度洋、波斯湾和地中海等地销往欧洲各国。

伊斯兰教的发源地阿拉伯半岛原本没有饮茶的风俗，9世纪到过中国和印度的阿拉伯商人苏莱曼，于851年写成阿拉伯语文献《中国印度见闻录》，又名《苏莱曼东游记》。20世纪30年代刘半农父女曾合译此书，书中描写了中国物产和生活，他是最早提到中国有茶的西亚人。书中说，中国国王本人的主要收入是全国的盐税以及泡开水喝的一种干草税。在各个城市里，这种干草叶售价很高，中国人称这种干草叶叫"茶"。此种干草叶比苜蓿的叶子还多，

《苏莱曼东游记》

也略比它香，稍有苦味，用开水冲喝，治百病。该段文字对茶的特征及功能的描绘比较准确，表明阿拉伯商人对茶已有相当的认识，而茶的输入也是符合阿拉伯伊斯兰教要求的。

（一）茶路起航地位置确定

2006年4月，第三届中国宁波国际茶文化节，宁波"海上茶路"国际论坛中，宁波为"海上茶路"启航地的历史事实在论坛上得到了中外专家、学者的一致认定，他们对"海上茶路启航地"分别用历史的、文化的、文学的视角，剖析了宁波"海上茶路"的悠久历史，但对"海上茶路"的具体起航地点与输出港口的位置以及相关的载体都

未涉及。

在日本国立公文书馆发现了两部遣唐使实录《真如亲王入唐略记》与《头陀亲王入唐略记》。这两部遣唐使实录记载了日本真如亲王，也即头陀亲王的入唐经历，为后人了解唐朝时期中日历史地理关系、交通航线、风土人情提供了素材。

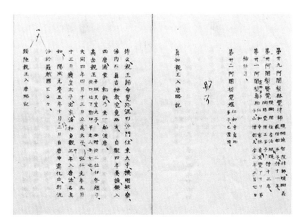

《真如亲王入唐略记》

根据这些素材将唐代明州港与日本博多港对比研究[①]，再通过在三江口、东门口、江厦街一带海运码头的考古发掘及文献资料分析，唐宋时代"海上茶路"启航地就在今宁波三江口一带海运码头，元、明、清承前代之航路继续发扬光大。

从《头陀亲王入唐记》，我们可以知道，唐代日本遣唐使乘船登陆到明州鄮县港，最早一次是唐显庆四年（659）。日本第四次遣唐使舶从鄮县三江地区登陆，文献记载"越州登陆"，当时只有鄮县的三江口，可通越州都督府治地，是唯一的港口。据施存龙教授考证，当时绍兴不是海港，周围也没有港口，唯一的港口就是鄮县港（即三江口）；唐贞元二十年（804），日本桓武朝第十二次遣唐使船舶，又在三江口鄮

―――――――――――――

① 林士民，2009. 唐代明州港与日本博多港对比研究 [J]. 宁波经济（三江论坛）(6)：44-47.

"海上茶路启航地纪事碑"主碑

县治登陆（鄞县治始于771年），著名的佛教天台宗创始者最澄大师就是这次入唐的。大师在天台山留学后，从上虞峰山道场通过水路到达明州鄞治，在开元寺法华院从灵光受"军茶利菩萨"坛法，又从鄞县檀那行者江秘受"普集坛""如意论坛"之法，是三江地区最早受法的外国僧人。时隔不到一年，日本遣唐使另一舶从福建开到明州，两舟又从明州（文献记载鄞县、鄞廓）起航返日，日本阿倍仲麻吕，从京都通过浙东运河至三江口治地，经甬江出望海镇，归国时与唐人别，麻吕望月怅然，咏和歌曰："阿麻能波罗，布利佐计美礼婆，加须我奈流，美加佐能夜麻珥，以传志都歧加毛。"日本名僧空海也是从绍兴通过水道来到明州起程归国的。以考古发掘资料与遣唐使所带的大量物资交换出售等情况证实，当时遣唐使舶、唐商船等停泊地就在三江口治地，发掘出的唐代江岸码头就是最好的例证。据《宁波通史》所叙，三江口鄞县港升为明州港后，通过几十年不断地建设，使船、商舶都停于三江口到灵桥门一带，这在唐代上述名人和日本的头陀亲王入唐的记载中都有明确的记录，明州张友信为亲王造大船，并亲自驾驶，到明州上岸受到明州府的热情款待。亲王一行于咸通三年（862）九月七日抵明州，在"九月十三日，明州差使司马（唐为郡的佐官）李闲，点检舶上人物，奏闻京城"。从这个记载可以看出驻城内的明州府官员对入唐的舶、人物接到通报后，便报告上级，专派官员对入唐船舶的人与物进行检查，该检查在东渡门外海运码头，同时向朝廷奏报入唐国家人物、物资、船只与入唐目的，听候朝廷的批复，这就是明州府的职能。唐咸通四年九月，亲王一行的部分人员才被正式批准允许入京。十二月亲王、宗睿和尚、智聪、安展禅念、兴房、仕丁丈部、秋丸等驾江船即在三江口沿着浙东运河、大运河入京。未被批准留下来的惠萼、贤真、忠全并小师、弓手、舵师、水手等，在咸通四年接到朝廷批文后，命令由张友信主航，将护送亲王的大船与上述人员从明州返航日本。

在《入唐略记》原文中可知航行期间还有小插曲，如到七日午时，遥见云山，申时，"到彼山石丹吞泊，即落帆下。见其岸上有人数十许人，契酒皆脱被（衣），坐椅子。乃看舶来，皆惊起，各衿群立涯边"，并给船上客人献上土梨（猕猴桃）、甘蔗、砂糖、白蜜、茶等，可见唐士礼客之有情有节，亲王以日本国土产物回赠，但"爱彼商人等，辞退不肯"。经劝说后，"唯受杂物，谢还金银"，使我们感受到远离城市的山野村夫，在异国飞来的金银钱物面前，表现得极其知书达理，且当时浙东已在乡村中盛行坐椅子、品酒、品茶、制糖、采蜜、贩盐等精加工行业[1]。

唐代明州商帮李邻德、张友信等海运商团，多次从鄮县治或鄮廓或望海镇扬帆去日本或归来。在所有外输的商品中，主要是丝、瓷、茶等，他们经营的商品总是离不开中国的茶。唐代日本阿倍仲麻吕、空海、最澄、头陀亲王等外国人的船舶，多数都在三江口东门江厦街一带海运码头起航或停泊，他们所带去的大唐的茶与茶种都从这个港口出去，因此这里成为唐代东方"海上茶路"的启航地。唐代明州港已跻身于大唐交州（现越南）、广州、明州、扬州四大海港行列，当时对外贸易兴旺发达。

---

① 宁波市鄞州区政协文史资料委员会，2012．三江文存《鄞州文史》精选 [M]．宁波：宁波出版社．

（二）运河开通为茶路起航提供条件

世界文化遗产中国大运河宁波段，就是我们以往俗称的"浙东运河"，是中国大运河南端的出海口，与海上丝绸之路南起始端在宁波三江口相汇合，形成河海联运。中国大运河是我国至今仍在沿用和保存最好的运河，由京杭运河、隋唐运河和浙东运河三段组成，2014年6月22日，被列入世界文化遗产名录。

1. 中国大运河为宁波茶文化发展奠定了基础　中国大运河是国内一条主要的水上运输大动脉。在历史长河中，它推动着百业在广大的国土上运作，可以说大运河是百业的生命线，由于它的存在促进了百业交流，推动了社会的不断发展，造福于子孙后代，也正因为有了这条大运河的存在，促进了南北文化交流与商业的繁荣，尤其是大运河的沟通，不但促使运河两岸的发展，而且为沿线城市的大发展奠定了物质基础，特别是宁波的加入形成了中国大运河概念。

大运河开通以来，对沿海著名的港口城市明州的发展提供了机遇。海上丝绸之路，由运河进入大海的口岸，它不仅是由海上丝绸之路进入中国的东大门之一，也是江海联运的重要港口，也是东亚、东北亚、东南亚以及非洲商旅入口的主要商埠，大大推动了丝、茶等贸易发展，成为我国丝绸、茶叶输出的主要口岸之一，特别是为茶文化传播与发展提供了便利条件与物质基础。

2. "河海联运"进一步推动了宁波茶文化的传播　宁波茶文化的发展与传播离不开河海联运。通过大运河等水系可以到达全国各地，这些城市、要埠生产的茶叶等产品通过全国各地的水系源源不断地聚集到明州，通过河海联运到全国和境外各地，大大推动了明州四周产业的发展与延伸。

这个大埠的特点：第一，水系联网。也就是说水上交通通过大运河，不仅南北联网，大运河使东西河道沟通，造就了明州水系四通八达，水上交通自然便捷畅通。第二，由于水系畅通各地物产、物资通过水系云集到明州港，明州港成了我国东南沿海一座物资聚散的都市。第三，为世界都市提供了运输条件，由于水系交通畅通，外埠世界各国以明州港为入口岸，对我国进行通商贸易与文化交流形成了以明州为据点的聚集地，因此世界各国商旅在历史上活动过的地方，尚保留着遗址与遗迹。例如阿拉伯波斯商人活动的波斯巷、波斯馆遗址；朝鲜半岛商人活动的新罗岛、屿，新罗村、高丽使馆遗址遗迹等。

河道的开通，带来了沿途城乡的繁荣，在延绵上千年的历史中，河道一直发挥着重要的航道枢纽作用，南宋时达到最鼎盛的状态，直到近代，运河作用才逐渐被取代。

三、唐时宁波成为茶禅东传门户

唐贞元二十年（804），日本高僧最澄（767—822），通过明州港到台州、明州、越州（今绍兴）学习佛法，毕业回国时，带去大量经文，也带去了浙东的茶树和茶籽，并在日本种植成功，且传播广泛。由此，最澄不仅是日本佛教天台宗的创始人，还是海上茶路与茶禅东传的开拓者。

此后，日本等国派使节和商旅人士到唐都会以明州港为主要入口或返回港口。同时宁波及周边省份出产的茶叶、茶具等，通过明州港源源不绝输往世界各地，宁波成为唐代茶禅东传的门户。

（一）宁波优越的海港条件是唐时海船主要登陆地

拥有得天独厚天然深水港口的宁波，是一个著名的海上丝绸之路始发港。从汉代开始，已经有到达日本、朝鲜半岛的航线，往西也可以到达东南亚和西印度洋地区，通过丰富的文化遗产，如陶瓷、茶叶、丝绸等对比研究，甚至可以远达西亚及阿拉伯地区。2006年12月，宁波作为中国丝绸之路的一部分申请世界文化遗产，并被列入"中国世界文化遗产预备名单"。

宁波不仅在地理位置上靠近日本和朝鲜半岛，而且拥有独特的海风和洋流。每年的洋流和春夏之间的季风对帆船航行非常有利，这是其他港口无法比拟的。这在以风力和人力为主要因素的帆船时代尤为重要。几年前，韩国和中国民间使用的无动力竹筏，依靠人力、洋流和季风，从舟山顺利漂到韩国釜山。

海上茶路是海上丝绸之路的重要组成部分，海上丝绸之路是宁波和泉州共同申报的世界文化遗产项目，但作为海上茶路启航地与茶禅东传门户则是宁波独有的特色元素，它的内涵非常丰富。首先，是友谊之路，中国茶主要以三种形式传播到世界各地：一是日本和朝鲜僧侣在中国学佛，同时将茶叶、茶文化进行东传；二是作为高级礼品进行赏赐或馈赠给外来使节的政府行为；三是作为外贸产品出口世界。宁波港一直是中国茶叶和茶具出口的主要港埠，宋代以后官方和民间贸易更加活跃，明清时期宁波港被称为绿茶出口的半壁江山。

（二）宁波浓郁的佛教氛围吸引着日韩遣唐使

宁波自古以来被称为东南佛教之国，唐以前就有许多著名寺庙，佛教"五山十刹"是指中国官寺制度中等级最高的寺院，宁波的阿育王寺和鄞州区的天童寺进入禅院五山之列，奉化雪窦寺被列为十刹之一，是日本、朝鲜僧侣最为向往的学佛之地，吸引着成群的僧人前来朝拜学习佛教，其间茶是僧侣修炼和坐禅的必备品，当海外僧人回国时，通常会带回茶叶或茶籽以及中国的茶文化。

唐时日本有著名的入唐八大家，包括最澄、空海、僧阿倍仲麻吕（晁衡）、头陀亲王、圆珍法师等都是出入明州港的名人。朝鲜半岛的新罗张保皋（船队）、著名的新罗大使大廉来往于明州港，把唐天台山茶种带到朝鲜半岛生根发芽。在唐代还通过商旅把著名的越窑青瓷制品（包括茶具）带到了遥远的北非埃及（福斯塔达古都）以及印度洋两岸各国与地区。宁波三江口海运码头、官署、仓库、居住遗址中出土的唐代波斯陶器，就是交往的实物例证。

1. 日本最澄大师　通过茶禅东传的门户，最澄成为日本佛教天台宗创始人，同时还成为日本茶文化的开创者。

据注释《茶经》的日本著作《茶经详说》记述，茶在天平元年前已传入日本，因为在天平元年（729），日本圣武天皇在宫中召见百位高僧读般若经，第二天便赐茶以示慰劳，当时的茶叶仅靠从中国进口，极为珍贵，是很适合作为御赐之物的，直至804年以后，"入唐八家"之一的日本高僧最澄大师从中国带去茶树、茶籽并且种

最澄大师

植成功，让茶叶在民间开始普及，才真正开创了日本茶文化的历史。

在2002年9月，专家在日本"海外寻珍"中，考察了佛教圣地——京都比睿山，那里是日本佛教的发源地，是日本天台宗的大本山，也是日本最古老的茶园，园中竖立着"日吉茶园之碑"，记载最澄传茶事迹，碑文近200字，其中有"获天台茶籽，将来种睿麓"之句。里面那棵最古老的茶树已有1 000多年历史，为最澄大师当年所植[①]。

最澄于唐贞元二十年（804），随遣唐使船入明州登陆，在比睿山延历寺国宝馆中陈列了明州刺史开具的文牒，从明州港带去的经卷目录及经书、法器等国宝级文物，到明州城里开元寺法华院从灵光受军荼利菩萨坛法[②]。

据《日吉神社道秘密记》等书籍记载，次年，于明州港归国时，传教大师（最澄）首次传入茶籽，最澄大师所带回的茶籽，种植于比睿山东麓的日吉神社境内，该地成为日本最古老的茶园，目前在京都

---

① 宁波市文化局，2003. 千年海外寻珍——中国·宁波"海上丝绸之路"在日本韩国的传播及影响 [R].

② 林士民，2006. "海上茶路"之探索——以明州港与日本为考察对象 [C]. 宁波：2006宁波"海上茶路"国际论坛论文集.

比睿山山麓的"日吉茶园之碑"就是最澄带浙东茶籽种植的历史见证①。如今这里的茶已被视为神圣之物，非凡人所能享受使用，只能作为最珍贵的供品奉献给诸神，在每年四月十二日到十五日间，该茶园都会举行颇为壮观的山王祭，届时人们会举行献茶仪式，将茶园内采摘的神茶敬奉给日吉神社的诸神②。

2. 日本空海大师　最澄大师种植的浙东明州等茶籽在日本生根发芽，由此揭开了"海上茶路"东传日本茶文化历史的序幕。最澄之后，更有多位日本、高丽僧人经宁波门户茶禅东传，唐朝著名的还有空海大师等。

空海（774—835），日本高僧，头陀亲王的师父，804年与最澄同船从明州入唐，后到长安青龙寺随密宗惠果（746—805）学

日本空海大师

佛，806年学成从明州回国时，除带去大量佛经外，还带去茶籽献给嵯峨天皇，今奈良宇陀郡佛隆寺，仍保留着由空海带回的碾茶用的石碾③。

3. 日本头陀亲王　日本头陀亲王其俗家名叫高岳，身份尊贵，是日本平城天皇的第三子，后看破红尘，在822年进东大寺成为一名"苦行僧"，称为"头陀"，拜在密宗高僧空海门下，法名真如，故也可称真如法亲王。862年头陀亲王获得天皇同意，入唐学习佛法等，同行的

①　林士民，2006."海上茶路"之探索——以明州港与日本为考察对象 [C]．宁波：2006宁波"海上茶路"国际论坛论文集．

②　宁波市文化局，2003．千年海外寻珍——中国·宁波"海上丝绸之路"在日本韩国的传播及影响 [R]．

③　林士民，2005．再现昔日的文明：东方大港宁波考古研究 [M]．上海：上海三联书店．

还有贤真、宗睿一类名僧以及"船头、控者"等15名亲信，以及日本舵师建部福成、大鸟智丸和若干水手等，合计僧俗达61人。值得一提的是第一次入唐时，他还专门配备了一位名叫伊势兴房的"秘书"，用汉字行书体每天进行写作，以日记的形式记录入唐行程中的点点滴滴，从大唐之行被天皇准行之日开始写起，写到第二年6月该"秘书"与多人一起归国为止，形成日记体的《头陀亲王入唐略记》，连注解合计在内，有近2000字，是一部唐代时期中日两国交流的真实记录，也成了唐代航海史上宝贵的文字资料。这一次的入唐行程，头陀亲王聘请了晚唐明州籍航海家、造船专家及舵师张友信、金文习和任仲元三人，862年张友信亲自打造了一艘航海大舶，并且仅仅用了三个昼夜，便从明州望海镇（镇海）起帆，抵达了日本远值嘉岛那留浦（今日本五岛列岛和平岛），这条张友信开创的新航路取东北航向，使中日之间航行大为便捷。

4. 圆珍法师　圆珍法师（814—891），俗姓和气，字远尘，为日本赞岐国那珂郡人，是日本真言宗创始人空海大师的侄女佐伯氏之子，出家后投日本天台宗创始人最澄大师的弟子义真门下，年仅37岁便晋升为"传灯大法师"之位，圆珍入唐求法，历时六年之久，回国后被任命为日本天台宗第五代座主，圆寂后追赐号"智证大师"[①]。圆珍法师求法学成回国后，大振日本天台宗宗风，最终将日本天台宗发展成为日本佛教代表性的宗门。

圆珍法师

---

① 释本性，2019. 圆珍法师入唐之行对中日文化交流的意义 [J]. 法音 (11)：64-67.

第三章 ◎ 宋元宁波茶史略述

宁波经过隋唐建制，五代吴越王钱镠的富民政策发展了经济，到宋代，朝廷迁都临安（杭州）后，人口的南迁使得宁波的农业生产和文化领域都有了长足的进步，对外贸易的进一步发达使得宋元宁波已经成为南北货物的集散地和全国最为重要的港口之一。

海外贸易的日益繁荣也促使明州区域经济和经济结构发生变化，主要体现在粮食生产及其商品化的发展，经济作物种植范围的不断扩大以及发达的制陶业和造船业。

茶业方面在延续唐代的技术后，又经创新改革，产量提高、品种增加，甚至出现了贡茶。茶文化方面则以茶禅文化为主也达到一个空前繁荣局面，对外交流已经重视将茶礼、茶艺等茶文化进行输出，传播至日本后发扬成日本茶道。元统治者并未对茶的生产和贸易进行限制，相反还持鼓励态度，在编写的农书中都有茶树种植等内容，元代的茶文化仍呈上升态势。

第一节 宋代宁波茶业发展迅猛

在唐代农业发展的基础上，经过五代，宋代宁波的农业变得更为发达，在当时已成为主要的产粮、产茶地区。

一、农业经济总体得到发展

（一）五代十国未受战争影响

五代时宁波属吴越国，吴越王钱镠是五代十国时期吴越国第一代国王。吴越国是一个偏安一隅的地方政权，但它存在了72年，是十国中时间最长的国家。钱镠拥有的江浙地区，在当时虽然算不上最发达的地区，但也属于中等，在五代地方割据的时代，稍微有些权力的人就想当皇帝，钱镠是个例外。他不但自己不做皇帝，还告诫子孙"永不称帝"。吴越国以"保境安民，发展农商"为基本国策，专心发展地方经济，营造了一个相对安稳的环境，在五代纷乱的时候，钱镠也始终对中原王朝有礼有节，在对待百姓上，钱镠始终坚持以民为本的富民政策，使宁波日益繁荣。

（二）重视水利等基础设施修缮

水利工程的广泛兴修，是宋代宁波农业发展的一个重要内容。无论是渠堰的数量、浚治的规模，还是灌溉面积，都远远超过了唐代的明州，这也归功于吴越王钱镠重视水利修筑工程，设专门的机构负责浚湖、筑堤，疏通运河，让农田都能享受灌溉之利，从而耕地面积更为扩大，农作物品种更为多样，宁波的农业经济得到了进一步的发展。

二、茶业发展到新高度

（一）茶叶产量提高

宋代茶叶产量，在《宋会要辑稿·食货》《建炎以来朝野杂记》等史籍中有零星局部记载。宋代实行榷茶，即官买官卖。在宋政府向各地的买茶额中可以大略看出各地茶叶生产的情况。现根据《宋会要辑稿·食货》卷二九载有绍兴三十二年（1162）和淳熙年间（1174—

1189）的产茶数，将南宋两浙东路的茶叶产量做一览表①：

宋代两浙东路产茶量情况一览表

单位：斤

府州军名	绍兴三十二年	淳熙年间	产茶县名
绍兴府	385 060	333 900	会稽、山阴、余姚、上虞、萧山、新昌、诸暨、嵊州
明州	510 435	346 066	慈溪、定海、象山、昌国、奉化、鄞县
台州	19 258	20 700	临海、宁海、天台、仙居、黄岩
温州	56 511	47 850	永嘉、平阳、乐清、瑞安
衢州	9 500	11 424	西安、江山、龙游、常山、开化
婺州	63 174	63 714	金华、兰溪、东阳、永康、浦江、武义、义乌
处州	19 082	18 111	丽水、龙泉、松阳、遂昌、缙云
合计	1 063 020	841 765	—

资料来源：根据《宋会要辑稿·食货》卷二九之二至五整理。

通过对比发现，明州在宋时的茶叶产量在两浙东路地区是最高的。

（二）余姚出产贡茶并延续至明代

作为我国经济再次腾飞的时代，宋代也是宁波茶叶产业经济快速发展的时代。宋代宁波茶业发展迅速，茶叶种植面积、产量、品质、饮用技艺、贸易、茶政、茶法、科普读物、茶诗等都进入了一个高速发展的全新历史时期，出现了全面繁荣的景象。这些都给后世带来了极为深远的影响。

---

① 浙江通志茶叶专志编纂委员会，2020．浙江通志（茶叶专志）[M]．杭州：浙江人民出版社．

河姆渡镇车厩岙一带的山属于四明山余脉，海拔在400米左右，多为沙质土壤，翠竹掩映，溪泉淙淙，山花烂漫，环境优越，是茶树的理想生长之地。

余姚车厩野岭东汪家村芝林

四明山在宁波茶业的发展历史上，曾产生出不少名茶，堪称名茶之乡。从瀑布仙茗演绎到宋末元初，在余姚四明山北麓出产了贡茶，较为有名的三大名茶，分别是四明十二雷、河姆渡野茶、史门丞相绿。其中以四明十二雷最负盛名，它是宁波历史上唯一明确记载的千年贡茶，自北宋问世以来，先后得到北宋名士晁说之、南宋大学士王应麟、元朝庆元路（宁波）总管王元恭、清朝史学大家全祖望等大儒名士着墨誉载。

当时担任两浙都督的范文虎，在河姆渡对岸的车厩岙，拜谒宋代丞相史嵩之墓，发现以墓园为中心的开寿寺、三女山、冈山一带盛产佳茗，正如《浙江省至正四明续志》卷五《草木》所载："茶，出慈溪县民山，在资国寺冈山者为第一，开寿寺侧者次之。"烘焙后进贡于元世祖忽必烈，后被元朝廷列为贡品。范文虎设立的制茶局，位于南宋丞相史嵩之墓园旁，每年在清明节的前一天，县官必须要进入山中进行贡茶的监制，直到谷雨节后，芽茶采摘完毕，县官才能回到县署。

慈溪市的贡茶自元代始（1281）至明万历二十三年（1595）已有314年历史，用4斤鲜芽茶叶才能烘焙出1斤茶芽，每年进贡量达260斤，占浙江贡茶进宫数量的一半，范文虎其人也被提升为朝廷中书右丞。

宁波的贡茶历史，在明嘉靖四十年（1561）的《浙江通志》、明嘉靖三十九年（1560）的《宁波府志》、清光绪二十五年（1899）的《慈溪县志》中都有记载，而记述贡茶盛衰最为生动详细的文字是明慈溪县令顾言撰写的《贡茶碑记》，该碑曾设立于县署前，如今石碑早已无存，但其碑文仍在清雍正八年（1730）的《慈溪县志》里有记载。碑文内容涉及贡茶的采集、制作、包装、解送和茶户受尽官吏逼迫勒索的各种细节。

雍正慈溪县志

宁波贡茶呈现四个特点。

1. 上贡时间久长　志书记载，宁波贡茶从元（1271—1368）初开始，到明代万历二十三年（1595）为止，历时长达300余年。

2. 数量众多　"每岁额贡茶芽二百六十斤。"而当时出产名茶的江西九江府贡茶岁额也不过120斤，而宁波府的慈溪县竟超过九江一倍多；若以县论，浙江茶叶产地桐庐、建德，每县贡茶不过5斤，而分水县仅为1斤。

3. 制作讲究　当地知县在制茶局亲自负责监制贡茶。所采全为茶芽，采摘的人多为豆蔻年华的处子。

4. 质量优异　当时的贡茶四明十二雷制作时"如兰馥清"，南宋列为贡茶源于白茶类也即四明白茶，白茶在民间一直作为"茶瑞"而显珍贵，北宋更被奉为至尊，明初后就改为炒青，明朝中叶为鼎盛时期。

古代生产的贡茶，增加了茶农的负担，但也促进了茶叶生产，提高了茶叶质量，使宁波茶业得到迅猛发展，扩大了宁波出产名优茶的产地，使"四明八百里，物色甲东南"。

（三）由道家种植的宁海茶山茶得到佛家推荐儒家好评

宁波宁海东北部第一高山茶山，绵亘于宁海、象山两县，主峰磨注峰海拔872米，山体广阔，仅茶山林场管辖的就有3.5万亩*。

茶山原名盖苍山，茶山是在宋代改名的，宋代著名的地方志——台州《嘉定赤城志》有关于茶山的记载，因宁海在宋代曾隶属于台州：宁海宝严院在县北九十二里，旧名茶山，宝元（1038—1040）中建，相传开山初，有一白衣道者，植茶本于山中，故今所产特盛，治平（1064—1067）中，僧宗辩携之入都，献蔡端明襄，蔡谓其品在日铸上，为乞今额①。

《嘉定赤城志》书影

《嘉定赤城志》有关茶山茶的记载，字数不多，其内涵却极为丰富：指明了茶山茶能成为名茶是受到儒、释、道三教的代表齐心合作完成的，也表明儒释道经过隋唐时期彼此之间的排斥和斗争，到了宋朝已经有渐渐融合的现象。

---

* 亩为非法定计量单位，1亩＝1/15公顷。——编者注

① （宋）陈耆卿，2004. 嘉定赤城志 [M]. 徐三见，点校. 北京：中国文史出版社.

相传开山建寺时，有一白衣道者在茶山种茶，故山上的茶叶"所产特盛"，后由释僧宗辩携此茶叶入京都，献给书法大师蔡襄品尝，并请大师为寺院题写匾额。蔡位居端明殿学士，是儒家的代表，也是一位不可多得的茶学大师，在他担任福建转运史时，曾因亲自督造将宋代越州贡茶，制作出小龙团茶，取名"日铸茶"，一时风靡朝野，同时还著有茶学专著《茶录》。经过品尝，蔡襄对当时还名不见经传的茶山茶给予了高度评价，认为该茶叶的品质甚至在"贡茶"日铸茶之上，茶山茶因而成名。大文豪欧阳修曾在《归田录》里大赞"两浙之品，日铸第一"，所以与"日铸茶"的对比，蔡襄是最有发言权的。

蔡 襄

宁海茶山茶的成名与儒、释、道三教合力促成的事实成为中国茶文化著名的千古雅事。

宁海茶山

第二节　宋代宁波将茶禅文化发展至巅峰

唐中叶之后，明州禅宗的兴起与发展，为茶禅文化的融合创造了一个更好的平台。到了宋代，在经济发达支撑下的佛教表现出来的繁荣吸引了历代高僧，于是在明州风光旖旎又清静之处，营造了为数众多的名山祖庭和古刹大寺，就是所谓的"天下名山僧占多"。

由于茶中含有氨茶碱，是一种能舒缓疲劳、提神醒脑、助人进行道德修养的文明饮品，因而被蓬勃发展的禅宗所接纳。僧人们不只靠饮茶阻止瞌睡，而且通过饮茶的意境，结合禅的哲学精神使自己与山水、自然、宇宙融为一体，获得心灵的释放和精神寄托，达到开悟，即饮茶可得道，茶中有道。

随着宋朝与日本、高丽互派使者往来频繁，宁波的茶文化和禅文化一起输出，使宁波的茶禅文化远播海外。宋元时期，有六名高僧曾经前往日本弘扬佛教和传播茶文化，并带去了茶叶和茶籽，他们是寂圆（1207—1299）、兰溪道隆（1211—1278）、无学祖元（1226—1286）、镜堂觉圆（1244—1306）、一山一宁（1284—1317）以及东陵永屿，虚堂智愚则曾去高丽（朝鲜）弘法传茶8年[①]。

一、重显禅师重整雪窦禅寺

雪窦重显（980—1052），俗姓李，字隐之是四川遂州（今四川遂宁）人，法号重显，因其长达三十余年于浙江宁波雪窦山资圣寺住持

---

① 竺秉君，2019. 宁波茶禅文化之传承 [J]. 农业考古 (2): 161.

弘法，故被称为"雪窦重显"。经北宋侍中贾昌朝的奏请，获赐明觉大师的谥号，因此也被称为雪窦明觉禅师、明觉禅师重显等。

雪窦重显虽有大量的著述流传于世，如现藏于国家图书馆的宋刊本《庆元府雪窦明觉大师集》，里面包含《庆元府雪窦明觉大师祖英集》《雪窦和尚明觉大师瀑泉集》《雪窦显和尚明觉大师颂古集》《雪窦和尚拈古》，共四集，《四库全书》集部收录有《祖英集》等，但其禅法的突出特点就是对有关于佛法、修行成佛等问题都拒绝做任何正面的解说，但是不可说不是拒绝任何言说，言说的方式才是问题的关键，他在借鉴古代言说方法的基础上形成了自己独特的绕路说禅的禅学阐释方法，其次，他继承了中国传统的诗意言说方式，以诗歌的形式表达禅法思想。故而雪窦重显的禅法著作以诗为主体，引经据典，文采斐然，具有浓厚的文学特征，将文学、诗歌与禅理禅境融为一体。

在雪窦重显留下的多首茶诗、颂中，便有三首茶诗为写给两位宁波知府的答谢诗或赠茶诗，富有禅意，是宁波茶禅丰厚的精神文化内涵体现。

《谢鲍学士惠腊茶》是重显留下的最著名的茶诗："丛卉乘春独让灵，建溪从此振嘉声，使君分赐深深意，曾敌禅曹万虑清。"还有赠送给当地郎知府的两首《送山茶上知府郎给事》和《谢郎给事送建茗》，写到"烟开曾入深深坞，百万枪旗在下风"和"陆羽仙经不易夸，诗家珍重寄禅家"，以及《送新茶·二首》，写到了枪旗和雀舌两种茶叶："雨前微露见枪旗""乘春雀舌占高名"。

二、虚堂师徒共同传播茶禅文化

宋朝本土高僧不但将本门宗法发扬光大，不遗余力将茶禅文化进行传播，而且都才华横溢，学识渊博。

智愚（1185—1269），俗姓陈，四明象山人，号虚堂。16岁那年从普明寺出家，先后在奉化雪窦寺、庆元府（宁波）显孝寺、阿育王山广利寺、临安府净慈寺等地修行或做住持，宋度宗咸淳元年（1265）秋，奉皇帝御旨到径山兴圣万寿寺任第40代住持，咸淳五年（1269）卒，享年85岁，他集录的法语、偈颂和诗文共有《虚堂智愚禅师语录》十卷，是临宗的重要语录，收录于《续藏经》①。咸淳十年（1274）10月11日，庆元府清凉禅寺住持法云禅师撰有《虚堂智愚禅师行状》，记载虚堂智愚颇有传奇色彩的出世过程。

南宋开庆元年（1259），在日本的兰溪道隆门下弟子日僧南浦昭明（谥号元通大应国师）入宋求法，在杭州净慈寺拜虚堂智愚为师。虚堂前往径山住持时，绍明也相随至径山继续学习，最终得虚堂的印可，成为法嗣。南浦绍明在宋9年，在学禅同时学习大宋五台山净慈寺与余杭径山寺的茶礼，并于咸淳三年（1267）辞山归国，日本《虚堂智愚禅师考》载："绍明从径山把中国的茶台子、茶典七部传到日本。茶典中有《茶堂清规》三卷。"从此径山茶宴正式系统地传入日本，并逐渐发展为后来的日本茶道。

虚堂智愚与南浦绍明师徒情深，咸淳元年（1265），为祝贺虚堂80周岁寿诞，绍明特意请画师绘制了虚堂寿像以示祝贺。这幅寿像作为重要文物，现被收藏在日本大德寺。

在日本，虚堂智愚还被誉为茶道界的书法家，许多墨宝由僧人传入日本后，价值连城，展示于茶室之中，被日本界奉为神品，让人顶礼膜拜，对日本禅宗有深刻影响。

三、宏智正觉创立默照禅

宏智正觉（1091—1157），为宋代曹洞宗高僧，曾担任浙江的天童寺住持30年，过世后被宋高宗赐名"宏智禅师"。

宏智禅师创立默照禅，《默照铭》认为"默默忘言，昭昭现在"，

---

① 张志哲，2006.中华佛教人物大辞典[M].合肥：黄山书社.

只要静坐冥想，体处灵然，就可以产生般若智慧，佛教将茶融入"清静"思想，喝茶的人希望通过饮茶加速自己与大自然融为一体，在饮茶的过程中寻求美好旋律，开释精神。禅修主张"顿悟"，饮茶能得到精神寄托，也是一种"悟"，即茶中有道，故而中国的"茶道"最初是由禅僧提出的。宏智禅师在茶文化的研究上开创先河，将茶文化从一种饮食文化形态发展为一种宗教的、高层次的精神文化生活体系。默照禅的创立不仅对当时和后世都产生了巨大的影响，而且在禅宗佛教史和禅宗文学史中也占有重要的地位。

宏智正觉禅师还是南宋初年著名禅僧，才华横溢，学识渊博，精通内外典籍，在禅学理论、文学创作等方面均有建树，并留有多首茶诗句："梦回茶碗手亲

宏智正觉禅师

扶，雅意沩山转道枢。""寒无悴容。到竹林人家。饮茶而还。""岸树老碧长阴森。溪西乞火煮茶去。竹里人家斋磬音。"①

四、普济编撰禅宗史经典

普济（1179—1253），四明奉化人，南宋僧人，俗姓张，号大川。十九岁出家，曾学习天台教义，后依止于浙翁如琰禅师。

普济禅师住景德灵隐寺期间编纂《五灯会元》二十卷，另有《大川普济禅师语录》一卷。《五灯会元》将《景德传灯录》《广灯录》《续

① 赖贤宗，2014. 茶禅心月：茶道新诠及其开拓 [M]. 北京：金城出版社.

灯录》《联灯会要》《普灯录》五本灯
录的要旨汇成一书，删繁就简，其内
容收录过去七佛、西天二十七祖，东
土六祖以下至南岳下十七世德山子涓
嫡传付法禅师的行历、机缘①。

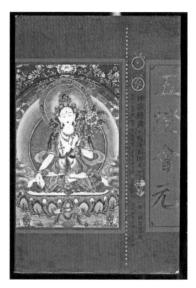

《五灯会元》

这部禅宗经典与宁波有着诸多紧
密关联，《五灯会元》卷三，记录了百
丈怀海禅师，卷十三记录了天童寺咸
启禅师②，另有奉化禅师近20名，最先
出现在书中的"雪窦禅师"是卷四中
的长沙岑师法嗣下的"雪窦常通禅师"
(834—905)，文字很简略："天佑二
年七月示寂，塔于寺西南隅。"③此后，
单部灯录很少流通。这部禅宗经典与奉化有着诸多紧密关联。

普济禅师在其自己的语录里和《五灯会元》里都特别重视茶这一
产物，门开七大件里，他只录入三大件，可见他自身对茶的热爱。五
灯原书共一百五十卷，可选的内容很多，经查实，原五部灯书里有关
茶的内容，普济禅师一篇也没丢下，这为我们后来者了解佛门茶事节
约了非常多的时间。我们之所以能了解咸启禅师和赵州禅师那些"吃
茶去"的公案，皆归功于普济禅师编的《五灯会元》。

五、荣西将宋茶东传日本

荣西（1141—1215），俗姓贺阳氏，号明庵，年仅14岁就已经在
比睿山延历寺受戒出家，延历寺是日本天台宗名刹，荣西主修天台宗，

---

① 张培锋，2017.佛语禅心：禅林妙言集 [M].天津：天津人民出版社.
② 吴礼权，李索，2017.修辞研究（第2辑）[M].广州：暨南大学出版社.
③ 沈潇潇，2015.《五灯会元》和奉化禅师 [N].奉化日报，11－04.

兼习真言宗。宋乾道四年，日本仁安三年（1168）4月，因被宋代汉文化吸引，荣西搭乘商船来中国求学，在明州港登陆，遍访名山古刹，也到过南宋首都临安，并与先期入宋的重源一起，同登天台山，在当年的秋天带着天台宗章疏三十余部回国。

时隔十九年，荣西于宋淳熙十四年，日本文治三年（1187）再度入宋，拜万年寺主僧虚庵禅师怀敞为师，潜心研习天台宗和禅宗教义，然后随师迁至明州天童山景德寺。南宋嘉泰二年（1202），荣西创办京都东山建仁寺，禅宗蔚为大宗，荣西开山之功，功不可没。

荣西入宋数年，遍访江南大刹，驻足过南宋都城临安，与南宋僧人、文人学士多有交往，深为中国茶文化的魅力所倾倒。学禅之余，认真体味、研习茶事、茶艺，学习宋茶种植、制作、饮用方法。

1191年，荣西回国，在筑前背振山（今佐贺县神崎郡）种植茶树，1195年他又把茶叶移植到建有圣福寺的博多地区，这是宋茶东传到日本，在国外培育成功的开端。后来，荣西通过精心培育，将茶种赠送给高辨（1173—1232），即山城拇尾高山寺的主持明惠上人，希望能在拇尾地区种植，明惠果然不负所望，还在以拇尾为中心的宇治、伊势、骏河、川越等地广泛种植，并成功地将这些地区变成日本宇治茶、伊热茶、静冈茶、狭山茶等名茶的出产地。由于荣西、明惠的开创性工作，他们也被誉称为日本茶业的"中兴之祖"。

荣西对茶的药理作用颇有研究，他

荣　西

的一大贡献在于茶药学领域，他在晚年曾把茶作为药品献给当时将军源实朝以用于治病，同时献上精心结撰的心血之作《吃茶养生记》二卷。这部书撰成于1214年，即荣西辞世的前一年，是日本历史上第一部茶业文献。此书用日式汉文写成，根据"茶禅一味"的道理，主要论述了饮茶对于养生治病的作用。他在书中记述了茶名、茶树形、茶叶形、茶功能、采茶季节、采茶样、调茶膏等几项内容，在书中征引了陆羽《茶经》等书的论述，说明他对中国茶文化有一定造诣；尤为可贵的是，荣西首先提出了"茶德"这一概念，他在书末痛斥怀疑茶之功效者为"不知茶德之所致也"。

六、道元仿宋在日建立永平寺

日本道元禅师（1200—1253）俗姓源，号希玄，京都人，日本村上天皇的第九代后裔，是荣西再传弟子，为日本禅宗曹洞宗的创始人。道元13岁便已出家，23岁到宋朝留学、参禅，最后在明州天童寺如净禅师处开悟。南宋宋理宗宝庆三年（1227），27岁的道元回到日本后，撰写了《普劝坐禅仪》一卷，奠定了日本曹洞宗禅法即道元禅的理论基础，是日本佛教史上最富有哲理的思想家。

道元是第一个将宋代禅寺清规完整传播并应用于日本寺庙的日本僧人。他在吉祥山建立永平寺，作为其所创日本曹洞宗的传法中心，并按中国明州天童禅寺的仪规进行管理，提倡复活百丈禅师的"古清规"，实行更严格更周密的禅院礼法。根据《百丈清规》制定《永平清规》，进一步推广了茶禅的发展。现存文献主要有《典座教训》，是寺院管理伙食人员的规则，另外还有《辨道法》是规定坐禅人的坐禅程序及礼仪，《知事清规》主要对寺中的监寺、维那、典座、直岁等（据日本道元的《辨道法》记：云堂大众斋罢收蒲团出堂，歇于众寮，就看读床，稍经时余将晡时至，归云堂，出蒲团坐禅）"知事"的职责、规范作出规定，还有涉及寺中秩序的《赴粥饭法》《对大己法》《众寮清规》等。

《延宝传灯录》卷一《道元传》中云：道元在深草兴圣寺时"从奠礼一则太白（即宁波的太白山天童寺）"。从这里可以看出道元是最早把宋地（宁波天童寺）禅寺清规较完整地运用于日本寺院的重要人物之一。1980年11月，日本曹洞宗在天童寺内竖立"日本道元禅师得法灵迹碑"，2003

道元禅师入宋纪念碑

年由日本永平寺发起，赵朴初题的"道元禅师入宋纪念碑"又在原明州古码头（今宁波江厦公园内）竖立，这是当时在中国竖立的第一个纪念外国人的纪念碑。

七、高丽义通弘扬茶禅文化20年

宋朝时期，日本、韩国僧人来中国学佛事茶，活动频繁，阿育王寺、天童寺等佛教寺庙是他们最为向往的地方。北宋初期，高丽的王子义通在明州研究佛经20多年，以茶为禅修并推广佛教之道。

义通（927—988）是朝鲜半岛天台宗第十六祖孙，为高丽（朝鲜）王族高僧。公元三四世纪，名僧支遁在四明山，已与高丽道人有书交往，义通很欣赏浙东僧人的风范，当时天台山曹洞宗、天台宗、临济宗正以其深厚的底蕴传入高丽，义通早就心系明州，迫切向往浙东参拜这东南佛国。

后晋天福（936—947）年间，义通在中国游学后，一直在天台山留学。北宋乾德五年（967），他从明州准备回国，被明州郡守钱弘亿再三挽留。钱弘亿是吴越王钱镠的孙子，是吴越国文穆王钱元瓘的第十个儿子。曾被任命为丞相，次年因受他案牵连，被贬为明州太守，后因治州有方，被封为明州奉国军节度使。义通深感钱弘亿礼贤下士之诚意，于是就在明州城中宝云寺定居，布道讲法，弟子云集，一住便是二十年，直至圆寂。宋端拱元年（988）义通归葬阿育王山。

义通在明州佛教界多年，领略茶禅之道，其间受徒弟知礼影响颇深。知礼是鄞县当地人，非常了解天童寺、阿育王寺、灵峰寺、金峨寺等的茶禅之事，并和义通谈到怀海法师在金峨寺酝酿《百丈清规》，这本记述僧人与茶密切关系的佛教传世之作。义通还对育王岭旁的灵峰寺所产的佳茗情有独钟，又见育王山秀丽的风景，曾戏言圆寂之后，能归葬在此山就好了，没想到一语成谶。

八、高丽义天创立高丽天台宗

继义通之后，又有高丽王子义天，两度来华到明州。义天（1055—1101），高丽（朝鲜）王族高僧。元丰八年（1085）自明州入宋，受到哲宗皇帝接见，同意在华严寺和天台寺学习佛法。随后同其国师一起回到了高丽，创立了高丽天台宗，寺院仿效国清寺建筑进行规划与建造，成为高丽佛教天台宗与茶禅祖师。

义天为文宗第四个儿子，十一岁时便已经出家。以前，高丽人如果走陆路从北方来到中国，会被邻近的契丹人阻挠，不能成行，后高丽使者要求改道走海路，并从明州港入境。义天到达明州港时，当时明州已经具备了良好的航海条

义　天

件。据《宣和奉使高丽图经》记载，1078年，宋神宗派安焘出使高丽，为此特在明州造了两艘大船，"巍如山岳，浮动波上"，便是有名的北宋神舟。

义天分别在元丰八年（1085）和元祐二年（1087）两次访华求学，都是走海路，从明州港上岸。在华学习期间，他还广泛搜集经书，先后共有1 000多卷。义天在寻经、取经的过程中，特别注重义通所记的多种经卷，如《大觉国师文集》《圆宗文集》等，回国后义天又依据这些经书，编成《新编诸宗教藏总录》，共计4 700余卷，最后进行雕版刊印，进行文化传播。

高丽王子义通、义天在茶禅的影响下进行了佛法弘扬和禅宗修炼。后来，明州接待了大量高丽人，从僧侣到达官贵人，还有商人和学者，1117年，在义通讲禅的宝云寺附近，修建了明州高丽使馆，并经文献查阅及考古发掘，确定了遗址所在地，位于宁波市海曙区镇明路与章耆巷交汇西北处，现在遗址上建有明州与高丽交往史陈列馆。

韩国茶礼与日本茶道都是在吸收中国茶禅文化的基础上继承和发展起来的，是茶禅向东传播的丰硕成果。

明州高丽使馆遗址

第四章 ◎ 明代宁波茶史略述

明代，宁波的茶产业和茶文化都有了较大的发展和转变。由于农业、手工业都有了新的进步，各项文化事业仍然称盛，至明朝中后期，随着商品经济的发展，资本主义的萌芽开始在手工业相对发达的宁波地区孕育。虽然在明代，倭寇的进犯和海禁政策使得宁波的航运开始衰败，明朝政府甚至为加强海禁，将岛屿居民迁往内陆，这一措施极大地影响了宁波的对外贸易。但是双屿港的走私贸易却一度繁荣，客观上也促进了宁波的对外交流。宁波帮也是从明代万历、天启年间开始崛起，宁波的茶文化也由朱舜水等传播到了日本。

第一节　宁波茶业抓住机遇转型发展

在明太祖朱元璋提出茶叶制作"罢造龙团，惟采芽茶以进"，主张废除团饼茶，改用芽茶（散茶）后，社会各阶层竞相效仿开始饮用散茶，因其冲泡方式简单方便，一下子便蔚然成风，同时引发了茶叶采摘和制作工艺的技术革新和巨大变化，在全社会进行推广后，炒青法成为明清时期最主要的制茶工艺。

泡茶工艺的改变和茶叶品质的提高，必然会带来饮茶方式的变化。唐初，由于制作工艺粗糙，茶叶品质低劣，通常采用大锅煮的方法，为了除去青草味，往往还要加入一些葱姜、橘皮、薄荷、枣等调味料。唐朝中期，人们发明了蒸青团绿茶，提高了茶的品质，饮茶方法也改为"煮茶"。唐末宋初，团茶原料选取越来越细，制作越来越精，饮用方法也由"烹茶法"过渡到"点茶法"，并且被入宋求法的日本和尚传回日本，也就是现在日本茶道的"抹茶法"。典型的宋代点茶法即是调制茶汤的一种方式：把茶叶蒸熟、漂洗、压榨、揉匀，放进模具，压成茶砖，再焙干、捣碎，碾成碎末，筛出茶粉，撮一把茶粉，放入碗底，加水搅匀，打出厚沫，冲出图案，细细欣赏，最后才能端起茶碗细细品尝。

宋代社会安定，人民安居乐业，制茶工艺和品茶之道远远超过了此前任何一个朝代。宋代茶文化达到了中国茶文化的巅峰，茶人特别多，茶风特别兴盛，上至文武百官，下至平民百姓，几乎人人都喜欢喝茶，甚至还流行斗茶，比赛谁的茶汤最香醇，谁的茶具最精致，谁的手艺最高超。而文人雅士们在举行"斗茶""评茶""茶宴"时，大多使用已经非常普遍的点茶法。

宋代末年，出现了蒸青散茶和炒青茶，饮茶方法又由"点茶法"过渡到"泡茶法"。这种方法直接将散茶放入茶杯（壶）中，用开水冲泡，既简单，又讲究，还保持了茶叶原有的香味，因而推动了饮茶的普及。

宁波是以出绿茶为主的，"泡茶法"更适合绿茶。明代宁波茶人抓住机遇，对炒青绿茶工艺有较深研究，同时涌现出一批著名的茶著，使茶文化转变到另一个高度迈入鼎盛期。同时明代宁波仍是茶叶输出的重要港口，海外贸易旺盛。

一、明代宁波贡茶停贡让百姓脱离苦海

明代因饮茶方式发生了翻天覆地的变化，各省出现诸多贡茶，茶叶生产进一步得到发展，产茶区域也不断扩大。据《明太祖实录》记载，洪武二十四年（1391）九月，明太祖下诏：建宁府贡上供茶，听茶户采进，有司勿与。敕天下产茶去处，岁贡皆有定额，而建宁茶品为上，其所进者必碾而揉之，压以银板，大小龙团。上以重劳民力，

罢造龙团，惟采芽茶以进，其品有四，曰探春、先春、次春、紫笋。置茶户五百，免其徭役，俾专事采植。[1]这则诏令，废除了工艺繁琐的团饼，改贡芽茶外，实际上是将民间贡茶替代了官焙贡茶。

唐宋时期，贡茶主要由官员监督烘焙，但民间贡茶不受朝廷重视，数量也少，至明，已无官方督制，贡茶全部由民间提供。同时，规定主要茶叶产区和名茶产区都有贡茶生产配额，不能轻易减少或免除。

大家都知道，贡茶是供帝王妃子享用的极品上等茶。在处理每一个环节时，都需要精益求精，不能粗心大意，更不能出错。在地方官员的监督下，产茶地区的人民不得不加强对茶园的管理，提高茶叶生产技术，精工细作，以提高茶叶产品的质量，争取获得进入贡品队伍的荣耀，宁波贡茶亦是如此。"四明十二雷"等贡茶为了保持"贡品"身份，在原料挑选上只采集茶芽，并不惜在外包装上下功夫，还要行贿收茶的官员，使得"贡茶"成本越来越高，大大加重了各茶区百姓的负担，百姓苦不堪言。

上述事件的发生在"贡茶碑记"中有详细而生动的描述：慈溪县为岁贡茶芽事，照得本县每岁额贡茶二百六十斤。征收押解规则不一，公私赔累年年积苦，万历二十三年十月内蒙本府推官张，条陈议定划一，已经详允，遵行在卷，第恐日久法淹，纷更为优，合将该卷始末缘由，逐一凿石，并叙如左，以垂永久……宁波府推官来似渠，为议处贡茶划革宿弊，以除偏累廖疾苦事……其所烘焙干净茶芽，相沿酌定年以二百六十斤为额，每鲜茶四斤焙作一斤，共计该鲜茶一千四百余斤，著落产茶之家，出备前数以供上用……百姓不以为病，而吏胥不能为奸。自后土地渐瘠，茶园渐乏。以迄于今，则根株尽绝，无复影馨。但贡典已定，岁不能缺。该县不得不按册寻户。再后，长吏不能亲理，至委其事于解茶之吏……暗置重称，明索加耗……没已不下百余金矣！[2]

---

① 胡长春，吴旭，2008. 试论明代茶叶生产技术的发展 [J]. 农业考古 (5)：278-281.

② 郑明道，2014. 解读宁波《贡茶碑记》[J]. 中国茶叶 (12)：44-45.

慈溪市的贡茶从元初（1281）开始已有314年的进贡历史，明代延续了元的旧贡制，并派县令亲自监督茶叶的生产。高成本的贡茶是用4斤鲜叶才能烘焙出1斤的芽茶所制，无利可图导致官员和茶农渐渐不愿意上贡。后来出现了专门负责这项工作的官员，通过对茶农的逼迫勒索以及种种龌龊手段，例如压低茶叶收购价，抬高茶叶包装和运费价格，竟能贪污"不下百余金"的巨额银两。

所谓哪里有压迫哪里就有反抗，难以忍受的茶农终于自毁茶株，并引发骚乱，当时的县令顾言亲自对此事进行了处理，通过利弊分析，实现了"罢贡"，终于结束了这场由"贡茶"给当地百姓带来的疾苦。进士出身的顾言也被《慈溪县志》列为"名贤"，和他重修庙学①等事迹一起被载入史册并受到后人祭拜：**顾言，字中瑜，南直江阴人，由进士令慈溪邑治。……不烦民一丝一粟，置学田，诸善政，不胜枚举，秩满迁刑部主政，邑人建祠"清道观"右，春秋祀之。**

二、明代宁波茶树栽培方式的创新

古代茶叶都是采用播撒茶籽的种植方法，认为茶树移植后无法成活，明代许次纾在《茶疏·考本》中记载"茶不移本，植必子生"，就是说茶树只能以种子萌芽成株，而不能动其根本，于是历代都将茶视为"至性不移"的象征应用于婚姻中，宁波地区也不例外。慈溪人罗廪通过对前人种茶经验的总结和亲身体验与实践，提出了茶树栽培方式的创新。

（1）对茶树种子的繁殖发展增加了"水选"和"晒种"两种工序：秋社后摘茶子，水浮，取沉者。略晒去湿润，沙拌藏竹篓中，勿令冻损。俟春旺时种之。在采种、保种和栽培等方面都有长足的进步。

（2）播种的时间不一定要"二月出种"，而是看具体的气温"种之"。

（3）增加了对"茶喜丛生，先治地平正"和"次年分植"的记载，明确表示对茶园地点选定以后，必须要先整地后播种。

---

① 慈溪市教育局，2016.慈溪市教育志 [M].杭州：浙江教育出版社.

（4）对种子的直播，不需要每次"种六七十颗子"，而只需"一掬"即可，表明了宁波人由于掌握一定的选种、种子处理技术，茶种的发芽率和成活率都明显提高。

三、提高了茶园的管理技术

关于茶园中的除草、施肥等管理技术，罗廪首先提到了平整土地的问题：茶喜丛生，先治地平整，行间疏密，纵横各二尺许。其次，对除草、耕作、施肥、间作等也提出了更加具体的要求革根土实：草木杂生则不茂，春时薙草，秋夏间锄掘三四遍，则次年抽茶更盛，茶地觉力薄，当培以焦土。每茶根傍掘一小坑，培以升许。须记方所，以便次年培壅，晴昼锄过，可用米泔浇之。[①]这些记载在当时来讲，有一定的指导作用。对茶园抑制杂草生长、改善茶的品质、提高生态环境，使茶园美化、园林化，具有借鉴意义。

四、制茶方法的变革

明代宁波茶叶生产的一个重大转变，就是制茶方式的变革。因为延续了唐、宋、元400多年的主流团饼末茶，终于退出历史舞台，而一直在民间流行的草茶、散茶跃升为主流，蒸青和炒青的散芽茶得到了垂青。宁波人闻龙通过自身实践，在《茶笺》里对炒茶、烘茶进行了详尽的论述，表示除了"罗岕宜于蒸焙"外，"诸名茶法多用炒"。

在制茶方式上，炒青比蒸青更为普及，当时炒青等一类的制茶工艺已达到炉火纯青的程度，这在罗廪《茶解》中有着极为详尽的介绍，如采茶"须晴昼采，当时焙"，炒制时，"炒茶，铛宜热；焙，铛宜温"，杀青要"初用武火急炒"，炒后"必须揉挼，揉挼则脂膏熔液"等均被后人奉为传统制茶和高档炒青绿茶的典范。

---

① 郑培凯，朱自振，2007. 中国历代茶书汇编校注本 [M]. 香港：商务印书馆.

第二节 名家茶书在全国茶史中有重要地位

宁波茶文化自两晋开始萌芽，唐代正式形成，宋代将范围与内容加以拓展，可以说一直处于上升的趋势，茶事十分兴旺，但茶艺走向繁复、琐碎、奢侈。明初，有感于前代民族兴亡，本朝又一开国便国事艰难，仍怀砺节之志，所以首先将茶艺简约化，而这恰好给予了宁波茶业一个机会。在对炒青绿茶工艺有较深研究的同时，宁波还涌现出一批著名的茶著。其中最为著名的茶著当属晚明万历年间（1573—1620）宁波四位同时代的名人屠隆、屠本畯、闻龙、罗廪所撰的《考槃余事·茶说》《茗笈》《茶笺》和《茶解》，这四本茶著除了在明代的茶书中具有崇高地位外，在中国茶文化史上也占有重要位置。

值得一提的是这四位历史名人，除了茶著和传世诗歌、书画外，在其他领域也都各有造诣。

一、屠隆《茶说》

屠隆（1543—1605），字长卿，又字纬真，号赤水，别号由拳山人、一衲道人等，晚年自称鸿苞居士。明万历五年（1577）进士，鄞县人，曾任青浦县令，后官至礼部主事、郎中，为官清正，关心百姓疾苦，作《荒政考》描写百姓灾伤困苦。

《考槃余事》是屠隆撰于1590年前后的一部文物收藏随笔，杂论文房清玩，《茶说》是其中的一章。后人将其中约2 800字的论茶部分单独辑为《茶说》①。

---

① 徐林，2006. 明代中晚期江南士人社会交往研究［M］. 上海：上海古籍出版社.

在明万历甲午年初秋七月所著的《龙井茶歌》是史上最长的赞美龙井茶的诗篇，生动地表达了他对龙井泉水和龙井茶的爱慕之情。2004年在杭州龙井寺旧址附近出土了屠隆手书的《龙井茶歌》古碑，为一件探寻龙井与龙井茶历史文脉的珍贵文物。

屠隆另有《娑罗馆清言》，被列为佛家文献，"娑罗"是梵文的译音，《娑罗馆清言》里有四条与茶有关的佛语："茶熟香清，有客到门可喜""呼童煮茶，门临好客"[①]。另两条为联语形式：净几明窗，好香苦茗，有时与高衲谈禅；豆棚菜圃，暖日和风，无事听闲人说鬼。说明喝茶已融入高僧禅修及百姓的日常。

二、闻龙的《茶笺》

闻龙（1551—1631）擅长写诗，寄情山水，享年81岁。闻氏系鄞县望族，祖父闻渊（1480—1563）累官礼部尚书，加太子太保，人称"闻太师"。

《茶笺》是闻龙撰写的论茶专著，成书于明崇祯三年（1630）前后，现有两种版本，分别为明《说郛续》本和清《古今图书集成》本。

到了明代，是从饼茶走向散茶、炒青、烘青绿茶刚刚兴起的时代，闻龙擅长炒茶、烘茶，《茶笺》开篇记载的炒制绿茶的方法被认为是古代炒制绿茶的典范，作者通过亲身验证，谈到了茶的

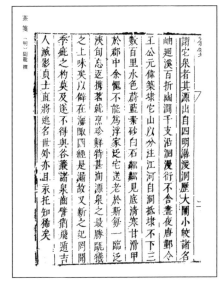

《茶笺》

① （明）屠隆，（清）王永彬，2008. 娑罗馆清言 [M]. 郑州：中州古籍出版社.

采制、收藏、用水、茶具及烹饮等，共分为十则。

《茶笺》中有一段专门评述宁波的泉水，认为家乡虽然四面环山，泉水到处都有，但是却都"淡而不甘"，唯独"它泉"的山泉水才是作者的心头好。

书中还有一段说自己年老，竟然得了与蔡襄一样的病，年纪愈老愈爱茶，虽不能多饮用，但仍然烹而玩之。

闻龙与屠本畯渊源颇深，屠本畯在《茗笈》的序言里提及《茗笈》之书由来，就是因为看到闻龙的家里收藏着丰富的茶书，便萌发了采集这些藏书之精华编成一书的想法：**偶探友人，闻隐鳞架上，得诸家论茶书，有会于心，采其隽永者，着于篇名曰《茗笈》**。[①]

三、屠本畯《茗笈》

屠本畯（1542—1622），浙江鄞县人，字绍畟、田叔，号汉陂、桃花渔父，晚自号憨先生、畟叟，寿81岁。屠隆和屠本畯是祖孙关系，但是前者仅仅年长一岁。

由于宋代以后出现的一种独特的门荫制度，称之为"推恩荫补"，祖辈、父辈的地位可以使子孙后辈在入学、入仕等方面享受特殊待遇，屠本畯便以门荫入仕，至嘉靖癸未（1523）考入进士，逐渐官至兵部右侍郎兼都察院右金都御史，总督湖广、川、贵军务。屠氏是宁波的名门望族，在史学家全祖望编写的《甬上望族表》中共有"六望"，而本畯父子与屠隆列为"三望"："兵部侍郎大山、礼部主事隆、辰州知府本畯。"

屠本畯是一位官员，又是一位学者，他博学多闻，涉猎内容非常广泛，涵盖了植物、动物、园艺等领域，还有《屠田叔集》诗文集。

在《茗笈》序言中，屠本畯写到该书的由来，因为自己没有什么特殊的爱好，"独于茗不能忘情"，有一次拜会同乡好友闻龙，见到满屋子丰富的藏书，包括诸位大家所著的茶书，心中忽然有所领悟，于是采集

---

① （明）屠本畯，1621-1644. 茗笈 [M]. 常熟：毛氏汲古阁.

精华，编著了这本《茗笈》，具有很高的科学价值，已经被《四库全书》收录。

《茗笈》全文8 000多字，共有16章，分为上下两卷，上卷有溯源、得地、乘时、揆制、藏茗、品泉、候火、定汤共八章；下卷也是八章，分别为点瀹、辨器、申忌、防滥、戒淆、相宜、衡鉴、玄赏。包含了18位作者的茶文、茶诗，写作体例为前赞后评，前经后文，找出18本藏书中与对应条经文有关的内容，作为传文附在经文下面，最后加上自己的心得体会作为评语为结尾。以第二章为例：

第二　得地章

赞曰：烨烨灵荈。托根高冈；吸风饮露，负阴向阳……

茶地南向为佳，向阴者遂劣。故一山之中，美恶相悬（《茶解》）……

评曰：瘠土民癯，沃土民厚，城市民嚣而漓，山乡民朴而陋。齿居晋而黄，项处齐而瘿，人犹如此，岂惟茗哉！[①]

四、罗廪的《茶解》

罗廪（1553—？），明代宁波慈溪（今余姚市河姆渡镇）人，字君举，后改字高君，号殖英，别号烟客。邑庠生，以善书名世，是著名的书法家、学者、隐士。

《茶解》是罗廪撰写的论茶专著，成书于万历三十三年（1605），有《茶书全集》本，另《说郛续》《古今图书集成》有摘录。罗氏经过十年时间，根据调查茶区、栽培茶树、采制茶叶的亲身经历，并结合前人资料所著。《茶解》全书共一卷，约3 000字，前有总论，下分原、品、艺、采、制、藏、烹、水、禁、器十目，凡茶叶栽培、采制、鉴评、烹藏及器皿等各方面均有记述。

罗氏不仅从小就爱喝茶，还因为想喝的好茶不容易得到，故而周游各地茶乡，亲自种了十年茶。根据长期的实践经验，罗廪对栽培、

---

① （明）屠本畯，1621-1644. 茗笈 [M]. 常熟：毛氏汲古阁.

施肥、除草、采制、储藏等都有自己独特的体会与见解。罗氏认为茶园方向和间作时间对茶叶品质的影响很大，这些观点实用性强且符合科学原则，也被当代专家所推崇。

此书前有万历己酉年（1609）屠本畯作序，后有万历壬子（1612）龙膺题跋。屠本畯评价《茶解》曰：其论审而确也，其词简而赅也。以斯解茶，非眠云跂石人，不能领略。[1]龙膺（1560—1622），字君善，神宗万历八年（1580）进士，国子监博士，与罗关系匪浅，在跋文中落款"友弟"，龙膺也喜欢喝茶，53岁那年（1612），编纂了《泉史》的上下卷，共约6 000字，收录了30多部有关饮茶的史料[2]。

五、鄞县万邦宁《茗史》

万邦宁（1585—1646）字惟咸，出身宁波望族万氏官宦之家，居住在广济街（今宁波市海曙区），能诗文，善书法，以楷书工整称于世，摹晋、唐法帖，法度严峻；又能行、草书，笔法奔放。著有《周易义参》《象王诗文稿》等[3]。

据《茶伴书香》丛书中《茶书集成》里收集的《茗史》介绍，作者万邦宁为奉节（今重庆）人[4]，天启二年（1622）进士，但万邦宁在书中明确表示自己是"甬上"人士。该书现在南京图书馆藏有清抄本，《续修四库全书》（子部第1115册）、《四库全书存目丛书》（子部第79册）有收，其中作者就是"明甬上万邦宁 撰"，《茗史》的最后"赘言"中也写道："赘言凡九品题于竹林书屋。甬上万邦宁惟咸氏。"

① 徐海荣，2000. 中国茶事大典 [M]. 北京：华夏出版社.

② 竺济法，2010. 晚明宁波四位茶书作者茶事及生平小考（续）[J]. 中国茶叶（3）：32–35.

③ 乔晓军，2007. 中国美术家人名辞典 补遗二编 [M]. 西安：三秦出版社.

④ 叶羽，2001. 茶书集成 [M]. 哈尔滨：黑龙江人民出版社.

宁波望族万氏别业白云庄

本书共分上、下两卷，《四库全书总目》称：是书不载焙造、煎试诸法，惟杂采古今茗事，多从类书撮录而成，未为博奥。[1]

六、鄞县薛冈《茗笈序》《天爵堂笔馀》《天爵堂文集》

薛冈（1561—1644），鄞县（今宁波市海曙区）人，住冷静街，初字伯起，后更千仞，号天爵子，晚年自号天爵翁。年八十时将自万历庚辰至崇祯庚辰（1580—1640）的生平所作的元旦、除夕诗结集成卷，一时名重海内。晚年居月湖东岸。著有《天爵堂文集》《天爵堂笔录》《南池集》《元旦除夕诗》等，有《斗茶文》著录在第十八卷的《天爵堂文集》里。

薛冈在屠本畯的《茗笈》卷首《茗笈序》中写道："清士之精华莫如诗，而清士之绪余则有扫地、焚香、煮茶三者。"[2]而明代张大复在《闻雁斋笔谈》中的卷六"茶说"也写道，俗人是不能消受这种清福

---

① 姚伟钧，刘朴兵，鞠明库，2012. 中国饮食典籍史 [M] // 赵荣光. 中国饮食文化专题史丛书. 上海：上海古籍出版社.

② （明）屠本畯，1621–1644. 茗笈 [M]. 常熟：毛氏汲古阁.

的："世人品茶而不味其性，爱山水而不会其情，读书而不得其意。"①
茶是富贵雅士的专利，穷人是没有权力享受的。晚明士人对茶的推崇
使品茶成为士人高雅身份的象征，即屠隆所说"最宜精行修德之人"。
一种日常的生活活动被赋予了品级意味②。

七、明奉化知县徐献忠《水品》

徐献忠（1469—1545），字伯臣，号长谷，华亭人。明嘉靖四年
考中举人，曾授奉化令，在位时颇有政绩。弃官后定居在吴兴，著书
甚富。及卒，门人私谥贞宪先生。其所作诗、赋、文，辑有《唐百家
诗》，著有《吴兴掌故集》17卷、《水品》上下卷、《乐府原》15卷、《金
石文》7卷、《六朝声偶》7卷、《读单锷水利书》《长谷集》15卷等。

徐献忠通过对水源的出处、其地理环境、发生过的人文事件，对
水进行品质的评判，共分为七档，《四库全书总目提要》载：是编皆品
煎茶之水，上卷为总论，一曰源，二曰清，三曰流，四曰甘，五曰寒，
六曰品，七曰杂说；下卷详记诸水，自上池水至金山寒穴泉。③《水品》
下卷对各地的泉水也做了记录，包括宁波的"四明山雪窦上岩水"，也
名列其中。

徐献忠还热切关注地方历史文化积淀，其《吴兴掌故集》中也不
乏茶事资料，且颇多真知灼见，如论明代与唐代茶品皆不同，绝无用
团片，而均为散茶，产于南者为优等。徐献忠不仅熟悉江南地理掌故，
于茶事、泉品尤为精熟，足以名家④。

---

① （明）张大复，1996. 闻雁斋笔谈 [M]. 上海：上海古籍出版社.

② 张德建，2005. 明代山人文学研究 [M]. 长沙：湖南人民出版社.

③ （清）永瑢，纪昀，1999. 四库全书总目提要 [M]. 周仁，整理. 海口：海南出
版社.

④ 徐海荣，2000. 中国茶事大典 [M]. 北京：华夏出版社.

第三节　明代名人茶事

一、朱舜水日本传播茶文化

朱舜水（1600—1682），出生于宁波余姚市，字鲁玛，原名之瑜，"舜水"是在日本给自己取的名号，朱曾考入贡生，是明末清初著名的教育家、思想家，与王阳明、黄宗羲、顾炎武、颜元并称为明末清初五大学者。

朱舜水

清军南下江南后，朱之瑜积极从事抗清斗争，明永历十三年（1659），朱之瑜看复明无望，毅然辞别国土，流亡日本，在日本给自己取名号"舜水"，以示不忘故国故土之情。

朱舜水寄寓日本24年，是"海上茶路"代表人物之一，他深悉茶道，在传播茶文化的同时，其学问和德行受到日本朝野之礼遇和尊崇，为日本的繁荣与进步作出了贡献。

1627年，朱舜水还协助德川光圀编纂《大日本史》，其中关于茶的记录有41处，包括辑录了茶的种植和进贡的由来、制度，记载了日本茶会的礼仪和规则，列举了军中"斗茶"事宜，通过茶铛分析了当时茶和茶具在军中的地位，还记载了与"茶"相关的书有《清岩茶话》《酒茶论》《兵家话》等，以及与茶相关的佛教用语等。

朱舜水死后由德川光圀父子将其讲学的书札和问答，辑为《朱舜水文集》二十八卷刊印，里面辑有诸多茶文化书札、论述，是朱对茶叶的采摘、泡茶、储藏、品饮的心得反映。

二、屠隆茶歌唱龙井

宁波籍屠隆晚年优游西湖，探泉品茗，风雅至极。

他留下不少记游龙井之作，如《游龙井寺》云："藕花菱叶傍轻鸥，路入南山景更幽"等，而最有名的就是《龙井茶歌与李念江开府公同游作》：

雀舌龙团亦浪说，顾渚阳羡讵须夸。
摘来片片通灵窍，啜处冷冷馨齿牙。
采取龙井茶，还烹龙井水。
茶经水品两足佳，可惜陆羽未知此。
即此便是清凉国，谁同饮者陇西公。

三、黄宗羲与《鄞江送别图》

黄宗羲（1610—1695），出生于宁波余姚市，字太冲，号南雷，别号梨洲老人、梨洲山人，学者称梨洲先生或南雷先生。黄宗羲是浙东学派的创立者，与顾炎武、方以智、王夫之、朱舜水并称为"明末清初五大家"，亦有"中国思想启蒙之父"之誉。有《南雷文定》《南雷诗历》《宋元学案》《明儒学案》《明夷待访录》等数十种巨著。康熙皇帝非常欣赏他的学问，几次征召他到朝廷任职，或参加修撰明史，都被他回绝，后推荐学生万斯同以"布衣"身份参加《明史》修撰工作，不署衔，不受俸，手定明史初稿三百卷以上。

《鄞江送别图》便是描述康熙十八年（1679），万斯同以布衣身份进京修《明史》，甬上乡贤诸生依依送别的历史性场面。该图纸本，设色，手卷，纵40厘米，横254.3厘米，保存完好，今藏宁波博物馆。图画作者陈郘（1644—1722），鄞县人，字克谐，据《清代画史》《宁波府志》记载师从谢彬、章声游，妙于写真，士大夫家欲肖父母像者，必得其所画才放心，是当时最著名的"画工"之一。

图中绘有15人、4童仆或挟卷执册而行，或徘徊树下，或煮茶啜茗且谈且饮，肖像画工风格写实，人物位置布局和举止状态也颇具匠心，将万斯同、万言二位主人公置于重要部位，突出主题。图中万斯同方脸而体态中等，身材偏于矮小，坐于石上，身微前倾作说讲状，表现出满腹经纶、口若悬河的人物特征，而侄子万言则身材高大，手持茗碗，挺胸端坐，显示出意壮气盛的神情。另有黄宗羲之子黄直方（正谊）、李杲堂（鄞嗣）父子等黄门弟子及其旧交为之饯别，卷尾画苇草丛中孤舟一横，寓含送别之意。

图中出现的喝茶交谈的场景，说明饮茶已经成为文人普遍的交际方式，而黄宗羲虽未出现在画中，但作为余姚人，黄宗羲与茶也有不解之缘，他在《余姚瀑布茶》中写到：两筥东西分梗叶，一灯儿女共团圆，炒青已到更阑后。便是一家人忙着在灯下分拣梗叶、炒茶杀青，辛勤劳作的生动描述。

《鄞江送别图》

《鄞江送别图》（局部）

第五章 ◎ 清代宁波茶史略述

在明末清初以前，宁波的茶文化注重文化意识形态，以雅为主，着重体现在诗词书画、品茗歌舞中，茶文化在形成和发展中，融入儒家、道家和释家的思想，成为优秀传统文化的组成部分和独具特色的一种文化模式①。

清中后期直至近代，中国饱受帝国主义侵略，有志的知识分子大多怀有忧国忧民之心，或变法图强，或关心实业，以求抵御外侮，挽救国家的危亡，救民于水火之中。那种以文化为雅玩消闲之举，或玩物丧志的思想不为广大士人所取。况且，国家动乱，大多数人亦无心茶事。表面看宁波的茶文化逐渐衰退，但实际上它已经深入到人民大众之中，并且随着宁波正式开埠更是风靡海外。

第一节　清代宁波茶叶对外贸易盛衰转换

清代作为海外贸易主要基地的宁波，是近代茶叶集散中心，茶叶出口一度成为宁波出口关税收入的主干；宁绍地区茶叶生产的发展，新品名茶出现，茶叶外销更是达到历史高峰，也弥补了失去南方等腹部的损失；由于受到印度茶、锡兰茶、日本茶的激烈竞争，中国茶叶的国际市场占有率不断收缩，宁波外销茶势态转衰。

---

① 马晓俐，2008. 茶的多维魅力——英国茶文化研究［D］. 杭州：浙江大学.

一、鸦片战争前宁波设浙海关

从唐代起，宁波已作为"海上茶路"启航地，与周边诸国以及东南亚、南亚、西亚、中东等地区进行茶叶、茶具的贸易与茶文化传播。

明末清初，社会动乱，沿海海盗四起，顺治十二年（1655）6月，清廷颁布禁海令：严禁沿海省份有片帆入海，违规者要按重典处置。这一禁令不但断绝了沿海渔民的生路，也严重阻碍了茶叶的对外贸易。直至康熙二十二年（1683），清政府肃清了沿海的抗清势力，次年便下令开禁，茶叶出口贸易才得到复苏，同年清政府派官船13艘开赴日本，进行商贸往来，后每年从宁波口岸开赴日本的船只就有80艘。

清康熙二十三年（1684），海禁解除后，江、浙、闽、粤四省纷纷设关。康熙二十四年，四大海关办事处分别设置在厦门（原定在漳州）、广州、上海和宁波，分别称为闽海关、粤海关、江海关和浙海关，这个在中国历史上第一次以"海关"正式命名的机构出现，结束了中国延续近千年的"市舶司"历史。

作为中国最早设立的四大海关之一的浙海关最初设在三江口之南奉化江畔，由于地势偏僻，不便监管，1763年宁绍台道陈梦说就在庆安会馆南侧兴建浙海大关。海关建成后，运作了近一百年，此间曾在江北岸李家道头建造税房，征收夷船之税[①]。1861年，在江北岸设置新关，由税务司负责征收国际贸易税，浙海大关就只征国内税，而浙海新关，选址于今浙江宁波市江北岸外马路，并陆续在此一带建设了浙海关税务司公馆、浙海关税务司署办公楼、浙海关税务司署验货场、浙海关俱乐部、宁波一等邮局等建筑，形成了浙海关税务司署建筑群[②]。因江北岸新关设立之初关员大多为洋人，与其打交道的也多是洋人番船，老百姓以为新关是洋人所设，便俗称为"洋关"，江东老海关

---

① 仇柏年，2017. 外滩烟云：西风东渐下的宁波缩影 [M]. 宁波：宁波出版社.

② 中国海关博物馆，2017. 中国近代海关建筑图释 [M]. 北京：中国海关出版社.

改称为"常关"，历任的外籍税务司便是在浙海新关掌控大权。

清朝四大海关之一的浙海关（新关和常关墙界石）

作为鸦片战争前五口通商外贸基地的宁波，也是茶叶外销基地，外贸兴盛，1702年英国甚至将贸易站设立在舟山岛，进行茶叶的收购。由于茶叶销量增加，英国东印度公司令船只载满茶叶。在舟山买茶比别处便宜很多，其中松萝茶便宜三分之一，圆茶便宜六分之一，武夷茶便宜七分之一[①]。1703年开赤普尔率2艘英船驶达舟山（即定海）进行贸易[②]。

二、海禁和闭关政策未能阻止宁波成为海交重镇

（一）1757年宁波外销基地被取缔

18世纪中叶，西方资本主义国家为了更好地开始工业革命，纷纷扩张海外贸易。一方面，西方商人一直希望寻找机会，借以打开中国市场，以英国东印度公司为首的洋商，前来进行商贸交易与投机

① 陈椽，1993. 中国茶叶外销史 [M]. 台北：台湾碧山岩出版社.

② 刘鉴唐，张力，1989. 中英关系系年要录（第1卷）[M]. 成都：四川省社会科学院出版社.

活动的越来越多，免不了会经常与华人发生冲突。终于在乾隆五年（1740），发生了"红溪惨案"，在南洋爪哇岛的华侨遭到了荷兰殖民者的大肆屠杀。噩耗传入中国，令人发指，加上洋人们还经常在澳门等外国人聚集的地方进行违法犯罪活动，涉及国际司法纠纷，清政府早已经不胜其烦，得此消息更是坐立不安。

另一方面，当时的英国商人为了填补对华贸易产生的巨额逆差，不断派船只到宁波、定海一带活动，企图就近购买丝、茶，而这些络绎不绝每天前来商贸交易的外国商船大多携带武器，为避免宁波成为第二个澳门，引发国际纠纷，在乾隆二十二年（1757），南巡回京后的乾隆便断然发布了一道圣旨，从京城火速传到沿海各省，下令除广州一地外，停止厦门、宁波等港口的对外贸易，这就是所谓的"一口通商"政策。并规定，广州作为外贸的唯一港口，由"广州十三行"处理一切外商贸易的相关事务，而洋商是绝对不允许与官府直接交往的。这一命令，也标志着清政府开始奉行彻彻底底的锁国与闭关政策。然而，即便如此，宁波港的茶叶在利益的驱使下，还是偷偷通过广州出海，而且这种通过海运偷运出去的茶叶数量仍然很多，到了嘉庆二十二年（1817），茶叶直接禁止出口，圣谕：著福建、安徽及经由入粤之浙江三省巡抚，严饬所属，广为出示晓谕，所有贩茶赴粤之商人，俱仍照旧例，令由内河过岭行走，永禁出洋贩运。

（二）宁波仍为海交重镇

明、清两代虽然一直采取海禁和闭关自守的对外政策，但宁波因其特殊的地理位置，一直扮演着海交重镇的角色。1830年左右，英国东印度公司的林赛曾乘坐"阿美士德号"三次在中国沿海寻找营商口岸，觊觎宁波—舟山一带的良港。因此，第一次鸦片战争后，英国在谈判中要求割让的首选是舟山等地，更在《南京条约》中强迫开放宁波为通商口岸。清末还发行了以宁波三江口江厦一带码头为背景的明信片，上面印有清代邮票。

清末宁波口岸码头（摘自《宁波旧影》）

三、鸦片战争后宁波成为近代茶叶集散中心

　　1840年鸦片战争打开了中国闭关的大门，1842年《南京条约》结束了清政府1757年以来限制只有广州一口通商的历史，开放广州、上海、福州、厦门、宁波五口通商，商品对外贸易快速发展。

鸦片战争中的宁波战役（摘自《宁波旧影》）

在宁波江北岸外滩甬江西北岸白沙路56号，有占地约5亩的建筑群，是宁波英国领事馆旧址，为近代英国首批驻华外交机构之一，现存有办公楼一幢及部分偏房，占地面积3 300平方米。

1843年12月英国派领事罗伯聃驻宁波，于江北岸杨家巷租赁民房，设立领事署，全称"宁波大英钦命领事署"，俗称"大英公馆"，1880年迁至江北中马路石板巷（今白沙路56号）。初由英国政府直接管辖，1861年后改受英国北京公使馆管辖，1920年后，英国驻杭州、温州领事撤销，浙江全省有关该国侨务均归宁波领事署（馆）办理。英国领事还在不同时期兼署德国、法国、奥匈、丹麦等国驻宁波领事。1933年，领事馆撤销。继英国领事署（馆）设置之时，法国、美国、德国、西班牙、丹麦、奥匈、荷兰、瑞典、挪威、日本、俄国等相继在宁波江北岸设立领事馆或代理领事，或委托英国、德国领事兼理等。宁波遂成为自清政府闭关自守后第一批由西方列强用炮火轰开国门、强行开放的口岸。

宁波英国领事馆旧址

（一）宁波在咸同年间通商最盛

从民国《鄞县通志》关于宁波通商的记载来看，宁波在咸同年间通商最盛，据民国《鄞县通志》记载：总之甬埠通商要以清代咸同间为最盛，是时国际因初开商埠交通频繁，国内则太平军起各省梗塞，惟甬埠岿然独存，与沪埠交通不绝，故邑之废著鬻财者，舟楫所至北达燕鲁、南抵闽粤，而迤西川、鄂、皖、赣，诸省之物产亦由甬埠集散，且仿元人成法重兴海运，故南北号盛极一时，其所建之天后宫辉煌显赫为一邑建筑冠。①仅每年往来宁波港的船只就有4 600多条。从宁波港出口的徽茶在屯溪集中，经浙东运河可"一水直达"宁波，占宁波出口茶叶的五分之三；而从绍兴运来的平水茶则占五分之二，宁波实际上成为服务于上海的一个重要转口港。

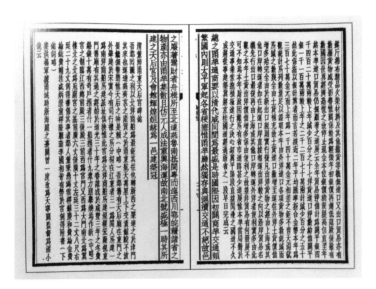

民国《鄞县通志》关于宁波通商的记载

位于三江口的庆安会馆（甬东天后宫）是这个辉煌的历史见证，取名"庆安"，寓"海不扬波庆兮安澜"之意，始建于清道光三十年（1850），落成于咸丰三年（1853），为甬埠行驶北洋的舶商集资所建，

---

① 张传保，赵家荪，陈训正，等，2006. 鄞县通志·食货志 [M]. 影印本. 宁波：宁波出版社.

即是舶商航工娱乐集会的场所，又是祭祀妈祖的神殿，又名"甬东天后宫"，为我国"七大会馆""八大天后宫"之一①。

庆安会馆主体建筑坐东朝西，规模宏大，总面积约8 000平方米，沿中轴线有宫门、仪门、前戏台、大殿、后戏台、后殿、前后厢房等建筑，作为宁波近代木结构建筑典范，庆安会馆宫馆合一、前后双戏台的建筑形制，国内稀有，会馆内的"砖雕""石雕"和"朱金木雕"代表了清代浙东地区雕刻艺术的至高水平，2001年被国务院公布为全国第五批重点文物保护单位，同年改建为全国首家海事民俗博物馆，2014年6月，作为中国大运河航运管理机构成为世界文化遗产点②。

庆安会馆大殿

（二）茶叶出口成为宁波浙海关出口关税总收入的主干

当时以英国为主的茶叶进口国在上海、福建、香港及各口岸设立洋行及分行，经营中国茶叶出口业务。当时中国以茶、丝为主要的出口商品远不足以抵值大量鸦片和西方工业品的进口，1840年以来出现

---

①② 林浩，黄浙苏，林士民，2019. 宁波会馆研究 [M]. 杭州：浙江大学出版社.

严重的贸易逆差，清政府企图平衡贸易和抵制银子外流，促使中国茶叶出口节节攀升。据宁波海关志记载，古代宁波出口贸易中收入的关税，主要货物为丝织品、瓷器、茶叶和海产品。1843年中英关于关税的税则谈判中，中国代表耆英认为：所争者茶叶、棉花耳，余不必校也。最后议定，茶叶由旧征每担税银库平1两3钱，增至关平2两3钱；棉花由旧征每担税银库平1钱5分增至关平4钱。因而，对以茶叶、棉花出口为大宗的宁波口岸来说，浙海关的出口（正）税成为关税总收入中的主干。开关初期，土货出口量急剧增加。但自咸丰十一年（1861）至同治十年（1871），土货贸易出口的经营者大多是洋商；或者，中国商行借用洋商的名义经营。所以，在此期间浙海关缴纳出口正税的都是外国商人。1872年是土货出口额最高的一年，进出口净值关平银1 800万两，而土货出口超过了关平银1 000万两，在当时已开放的15个通商口岸中占第五位。全年税收总计826 739两，占全国新关税收总数的7.13%。虽然洋货的进口额一直在稳步上升，只有个别年份略有下降，然而宁波口岸每年的土货出口额都超过洋货进口额，使宁波口岸成为全国少有的出超港口。土货出口以前主要是鱼、盐两大宗货，这一时期新增本地产的棉花和大部分为过境的茶叶。作为原料的明矾和手工业产品草帽也大量出口。而此时土货出口的经营者已大多数是中国商人。1873年，华商开始缴纳关税，以后逐渐增加。

根据中英《烟台条约》，光绪三年（1877）四月一日，温州开辟为商埠，瓯海关税务司建立；接着，芜湖也相继开埠。宁波口岸失去了南部和西部的腹地，如皖南的祁门茶叶改从芜湖出口，使宁波口岸的土货出口贸易受到较大的影响，建立在此基础上的浙海关税收也随之下降。

后来，由于宁绍台地区生产的发展，逐步弥补了失去南方腹地的损失，税收也逐年增加。1895年的出口正税收入，达到有清一代中浙海关税收的最高峰。

根据中日《马关条约》规定，光绪二十二年（1896）十月杭州开埠。杭州海关的建立，使宁波口岸失去了西北部广大的腹地，使贸易和关税渐趋萎缩。然而出口正税在海关税收总收入中仍占首位，有举足轻重之势[①]。

（三）宁绍地区制茶技术提高

以咸丰十一年（1861）到宣统三年（1911）为例，宁波茶叶出口数量增多，出口量在1万吨以上有5次，0.2万~1万吨共计50次。这归功于宁绍地区制茶技术提高。

宁波四明山上虽有茶树，但垦种面积不大，而且多系野茶，随着饮茶在欧美成为风尚，茶叶输出量的增加和饮茶普及，外销畅行，茶源紧张，采购人员接踵上山，刺激了山上农民种茶的劲头，于是大片荒山与部分林区，披荆斩棘，除石松土，开拓平整，尽皆栽种了茶树，就此以后，茶叶便成了四明山区的主要产品[②]。

鸦片战争后，圆茶的输出从广州出口改为由宁波再趋上海关，宁波成为浙江的主要出口港，而早年就在经营圆茶的宁波商帮，就在宁波港附近设立茶叶加工厂，大量收购宁、绍、台各府县所产的圆毛茶，经过分筛分级、干燥车色、拼配包装等简易工序，售于上海洋行转运出口。因浙东圆茶大都集中在绍兴东南部的平水镇进行加工，故而又称"平水珠茶"。茶商们相继在绍兴产区直接收购圆毛茶，经过较复杂的分档加精制，做成平水珠茶后产品质量得到显著提高，再成批装箱运往宁波转运上海，远销海外，颇受欢迎。光绪十年（1884）在绍兴平水茶区和上海经营的茶栈，如雨后春笋，到1936年平水茶区设立的茶栈竟有93家之多。同时鉴于珠茶畅销国外，宁波四明山所产茶亦从长身改为圆形，纳入平水茶区外销范围，外销数量，曾占华茶出

---

① 《宁波海关志》编纂委员会，2000．宁波海关志 [M]．杭州：浙江科学技术出版社．
② 中国人民政治协商会议浙江省委员会文史资料研究委员会，1979．浙江文史资料选辑 [M]．杭州：浙江人民出版社．

口的首位①。

由于茶业发展，茶行、茶栈大量出现，雇工拣茶、制茶现象十分普遍，19世纪70年代初期，宁波烤茶及拣茶的男工和女工人数约有9 450人，共有近30家茶行，平均每家茶行雇有355名工人，茶行所雇男工主要来自安徽，女工则来自绍兴附近②。

（四）宁波外滩成为新的商业中心

1844年，根据中英《南京条约》规定，宁波正式开埠，与老城区仅一江之隔的江北岸被选作英国人在宁波的居留地。此后，美国、荷兰等国也相继在这里设立了领事馆。

1861年，为躲避太平天国战火，7万余人涌入江北岸居留地，这里开始形成华人、洋人杂居的局面。1862年，旗昌洋行在江北岸修建了一个船式浮动码头，1865年开通了宁波和上海之间的航线。1863年，连通老城区东渡门和江北岸桃花渡的新江桥建成，不仅极大方便了江北岸与老城区的往来，也显著加快了老城区与江北、江东两个新兴城区的一体化进程。1865年，浙海关迁至今现址，江北港区重心逐步形成。1874年，轮船招商局宁波分局又在江北岸修建了江天码头，它是栈桥式铁木结构的趸船码头，长46.35米，宽7.8米，前沿水深7.1米，可停泊千吨级以上轮船，后又维修扩建达到3 000吨级，是华人最早建成的轮船码头，也是近代史上宁波港最大的轮船码头，进一步推动了宁波交通和内外贸易的发展。

随着各国领事与外国商人等纷纷迁居今江北外滩一带，新式马路、学校、医院、银行、邮局、海关、工厂、仓库、电力网线等设施的纷纷兴建，使得这里成为宁波近代商业、航运业、金融业甚至工业的诞生之地，其相对先进的市政体系，一度成为宁波其他城区学习效仿的

---

① 中国人民政治协商会议浙江省委员会文史资料研究委员会，1979. 浙江文史资料选辑 [M]. 杭州：浙江人民出版社.

② 彭泽益，1962. 中国近代手工业史资料 [M]. 北京：中华书局.

样板。与此同时，外滩一带的繁荣也吸引了许多老城区的商行转移至此，从而在这里形成了新的商业中心。

（五）河海联运为国内茶叶出口提供了远洋条件

河海联运独特的交通条件使宁波不仅是一个对外交通贸易的港口，也是商品的集散地。浙东运河作为宁波港重要内河航道，发挥着沟通江南经济腹地的重要作用，根据文献记载，全国各地许多商品，通过京杭大运河水系转入浙东运河，到明州港出口。这样的水运交通不但省力方便，而且运河水系运输交通比较安全，所以历史上通过运河大量的商品在明州港埠进行集散。当时大批的安徽茶叶通过安徽屯溪、浙江新安江、钱江，经浙东运河至港埠出口。

便捷的交通促进了港口的繁荣。港口的繁荣大大推动了茶叶的输出，尤其是近现代，随着交通条件的改善，特别是铁路开通，宁波港的茶叶输出额大增。例如清光绪二十年（1894）输出茶叶：厦门1 751吨，广州726吨，宁波则达到9 798吨①，宁波是厦门的5倍，是广州的13倍。说明宁波由于水路交通便捷，为我国茶叶出口提供了出口远洋条件。

虽然随着海运交通更为便捷的上海港的崛起，宁波港的重要性已经在衰落，贸易量在萎缩，洋人社区也越来越小②。宁波的贸易已转移到上海，主要由于靠近上海，而且赶不上其他四个有领事驻在的口岸了③，因而茶叶贸易经过山区到宁波后，仍然留在中国人手里，外国人只能在它运到上海后并经行帮的准许才能得到④，但是江苏、安徽及浙江茶还是要先运到宁波转输上海，杭州未开埠以前，徽茶、平水茶多

---

① 姚国坤，等，2007. 中国清代茶叶对外贸易 [M]. 澳门：澳门民政总署出版.

② （英）查尔斯·德雷格，2018. 1863—1923龙廷洋大臣 海关税务司包腊父子与近代 [M] // 李爱丽. 海关洋员传记丛书. 桂林：广西师范大学出版社.

③ 姚贤镐，1962. 中国近代对外贸易史资料 [M]. 北京：中华书局.

④ （英）马士，1957. 中华帝国对外关系史 [M]. 北京：生活·读书·新知三联书店.

聚于此①。故而，当时的宁波港虽然没办法与上海这个国内一流大港相抗衡，但是因为安徽、东北等内陆腹地的茶叶都要从宁波港集散后再转运出口，所以从茶叶出口数量看，加上宁波自身出口的浙东茶，宁波港依然是重要的港口。汇集到宁波的茶类红绿茶兼有，但绿茶的地位尤其重要，汇集到宁波的这些茶，部分由宁波直接出口，部分输往上海再出口②。由此可见，宁波茶埠对绿茶出口和上海茶市发展的重要性，鸦片战争后宁波成为近代茶叶集散中心。

四、外茶竞争和战争影响导致宁波茶业衰退

1895年甲午战争后，《马关条约》规定开埠杭州为通商口岸，杭州开始出口茶叶，此举对宁波茶市，尤其是宁波的出口市场影响巨大。因为原本通过宁波港出口的茶源主要由地处腹地的浙东平水茶及皖南徽茶组成，杭州开埠后，徽茶可以杭州为集散地直接出口，而不必绕道到宁波，节省了时间和运费。据海关关册记载：光绪十九年（1893）宁波出口平水茶109 800余担③、徽茶73 800余担，光绪二十年宁波出口平水茶85 800余担、徽茶74 500余担，到了光绪三十一年宁波"徽茶则绝无所见"④。当年的宁波港平水茶减至16 000担，毛茶只有200担，共16 200担，呈断崖式下跌，而该年徽茶在杭州出口103 035担，上年为114 496担，再加上出口的平水茶，杭州这两年茶叶出口量分别为103 237担、115 454担⑤。

---

① 赵烈，1931. 中国茶业问题 [M]. 上海：上海大东书局.

② 陶德臣，2014. 论近代宁波茶埠的兴衰 [M] // 竺济法."海上茶路·甬为茶港"研究文集. 北京：中国农业出版社.

③ 担为非法定计量单位。1担＝50千克。——编者注

④ （清）海关总税务司，1894. 光绪二十年通商各关华洋贸易总册 [M]. 北京：海关总税务司署.

⑤ （清）海关总税务司，1905. 光绪三十一年通商各关华洋贸易总册 [M]. 北京：海关总税务司署.

《马关条约》

1896—1901年宁波口岸平水茶与徽茶出口量[①]

单位：担

年份	平水茶	徽茶
1896	96 897	78 660
1897	61 579	12 468
1898	50 084	3 561
1899	79 005	299
1900	68 633	—
1901	60 072	—

　　由于严重依赖国外市场，外销不振给宁波茶叶生产带来困境，"日本茶"倾销和二次世界大战的影响则使宁波茶业最终走向衰退，直至一蹶不振。

――――――――――

　　① 陈梅龙，景消波，2003．近代浙江对外贸易及社会变迁：宁波、温州、杭州海关贸易报告译编［M］．宁波：宁波出版社．

19世纪60年代，日本的绿茶开始运往美国销售，当时中国在茶叶世界一统天下，而彼时的日本茶叶还是籍籍无名，实际上，美国市场上还没有日本茶。但随着日本茶采用资本主义大茶园经营，科学种植，并逐步实现了机械化生产，加上政府的大力支持和鼓励，因此，日本茶无论在价格、质量还是交通运输、销售方面都具有优势，而宁波茶由于过度依赖美国、北非等国际市场，出口市场相对集中，茶叶出口品种也比较单一，主要以珠茶类绿茶为主，因而存在很大风险。

自1865年起，日本绿茶开始抢占美国市场，中国茶叶在美国的地位已被削弱，1874—1875年，日本绿茶在美国的市场份额已经远超中国绿茶，上海绿茶的出口之路严重堵塞。1876—1877年，日本绿茶的输出总量又超过了中国，在美国所占的市场份额已经达到华茶的两倍。

除了有外茶的强力竞争，第一次世界大战中，帝国主义国家的歧视、打击政策更是造成华茶输出困难。例如，英国为了保护自己的发展，对从殖民地进口的茶叶征收低税，而对从中国进口的茶叶征收重税，甚至公开禁止进口非殖民地的茶叶。英国人还指责中国的绿茶未经发酵、单宁酸多、伤胃、不卫生等，并将这些内容写入教科书，以抵制中国茶。另一个帝国主义美国则采取了不同的手段，通过对茶叶立法，不断提高进口标准，如1897年美国颁布的所谓《劣等货法案》及总则后，大量的平水茶被禁止进入美国，从而达到限制中国茶叶进口的目的，同时鼓励和支持日本绿茶在美国市场恣意驱逐中国茶叶，原本销往美国的绿茶在日本茶竞争和美国刻意限制的双层夹击下举步维艰。

第二节 中外茶业技术交流

一、叶隽的《煎茶诀》在日本影响深远 [①]

叶隽，字永之，清初越溪（当属今浙江宁海县境）人，旅居日本，茶书《煎茶诀》作者。南京农业大学中国农业遗产研究室研究员朱自振教授等人在日本发现了该书，且有两个版本，都是由日本人编辑，经过删减、增补并修改后再出版的，分别是收藏在日本国会图书馆的"明治本"和收录于大阪中央图书馆的"宽政重刻宝历本"，简称宽政本，现国内尚未发现该书传播踪影。

《煎茶诀》对于传承唐代的煎茶法及其在日本的传播，具有一定意义。2007年，商务印书馆(香港)有限公司出版的《中国历代茶书汇编校注》，将上述两种版本收录其中。以小田诚一郎训点的明治本为底本，以蕉中序宝历本和书中引用原文作校。

叶隽所撰的《煎茶诀》内容，总共六则，分别是藏茶、择水、洁瓶、候汤、煎茶和淹茶，篇幅不长，内容也不是很丰富，但很有自己的见解，还记载了一些前人不曾涉及的领域。在18世纪50年代之后，日本也想改变饮茶方式，饮茶界迫切需要一本简单实用的散茶饮用指南，叶隽的《煎茶诀》刚好满足了这种社会需求，不仅精通现实生活中的饮茶方法，而且精通古人的饮茶技巧，受到日本上层社会的赞扬。

最初《煎茶诀》是用中文写成的，被翻译成日文后，改名为《煎茶略说》，后又加以扩充，改编为一本流行的煎茶入门书《煎茶早指

[①] 竺济法，2017. 叶隽《煎茶诀》与卖茶翁《试越溪新茶》关联浅析 [J]. 茶博览 (12)：68−71.

南》，在日本很受欢迎。两个版本除撰者为"越溪（今浙江宁海）叶隽（字）永之"这一条6个字记载的位置排列顺序和文字没有变化外，所叙内容或删或增，差别甚大。

值得一提的是，为明治本《煎茶诀》作序的王治本（1836—1908）是慈溪黄山村（今属宁波江北慈城镇）人，字维能，号泰园，别号梦蝶道人，他精通诗歌和绘画，清光绪三年（1877）到了日本后，在日本文人中颇有名气，同时与日本贵族大河内辉声、政治家伊藤博文都有交往。序文很短：夫一草一木，罔不得山川之气而生也，唯茶之得气最精，故能兼色香味之美焉，是茶有色香味之美，而茶之生气全矣。但措辞优美，得到文人茶客的共鸣①。

二、刘峻周宁波移茶至苏联

刘峻周（1870—1941），广东人，茶学家，曾在浙江宁波任茶厂厂长。后应俄国茶商波波夫之邀，赴格鲁吉亚帮助该国发展茶叶生产。

18世纪初，中国茶叶开始经蒙古从陆路销往俄国，当时只有王公贵族、地方官吏才买得起，随着俄国饮茶风尚逐渐形成，对茶叶的需求量与日俱增，从1833年开始，俄国从中国多次引进茶籽、茶苗，试种于现今的格鲁吉亚一带，但都未获得成功。1889年，俄国茶商波波夫通过结识刘峻周的舅父，认识了当时刚满18岁的刘峻周，并对这个广东籍的中国小伙子留下了深刻印象。1893年春天，波波夫又一次来到中国，正式向刘峻周发出了邀请，在1920年的回忆录《我生活劳动的五十年》中刘峻周这样写道：得到我去高加索的允诺后，波波夫托我为他未来的种植园购买了几千千克茶籽、几万株茶树苗。最后决定走的有20人，我、我的译员和10名懂得种茶制茶技术的华工。我们同波波夫签了为期三年的协议。

---

① 曹建南，2018. 叶隽《煎茶诀》在日本煎茶文化史上的地位 [J]. 农业考古（5）：260.

刘峻周种下茶树后，完全按照中国的形式建立了俄国第一家小型制茶厂，在第三年，便收获并手工制出了第一批茶，在莫斯科的波波夫感到非常满意。此举大获成功，扭转了几十年来在黑海沿岸种植茶树徘徊不前的局面，在俄国引起了不小的轰动。

三年合同期满后，刘峻周决定留下继续工作，受波波夫委派，回中国购买一批新茶树苗和茶籽，并举家迁往俄国。1900年，世界工业博览会在法国巴黎举办，刘峻周茶厂创制的"刘茶"红茶获金质奖章。宣统元年（1909）刘峻周获俄国政府"三级勋章"，而他本人也成为苏联家喻户晓的"茶叶之父""红茶大王"。经过100多年的种植栽培，曾经的茶园已经年产量50万吨，成为当今世界最大的红茶园地[①]。刘峻周居住的一幢房子，被辟为格鲁吉亚共和国茶叶博物馆。

1924年刘峻周与家人合影

三、郑世璜赴印锡考察茶业

郑世璜（1859—?），字渭臣，号蕙晨，慈溪灌东郑村(今宁波市江北区慈城镇半浦村)人。光绪三十一年（1905），由清政府派遣赴印度、锡兰

---

① 陈鸿，2018. 百味一品 [M]. 长春：吉林文史出版社.

考察茶业，成为中国茶业出国考察第一人。

郑世璜

千百年来，中国人以勤劳和智慧创造了丰富的茶叶品种，积累了不少的茶叶生产经验，然而，由于封建社会故步自封，中国茶业科学技术长期处于"经验性茶科学"的状态。自鸦片战争后，中国的许多人接受新的观念，学习新的文化，并随着西方农业科学技术的进步，引进国外先进的设备和技术，设立茶业等专门研究机构，逐渐改变了我国茶叶产业科技的落后状态，使茶叶产业科技走出低谷，进入一个新时代①。

1905年，由宁波慈溪人郑世璜带队，沈鉴少任翻译，陆深做书记员，吴文岩为茶司和苏致孝、陈逢丙二位茶工组成的考察团，在清政府官员两江总督兼南洋大臣周馥的派遣下，远赴印度和锡兰（今斯里兰卡），去考察当地的茶业。郑世璜在考察了印度和锡兰的气候、茶价、种茶技术、采摘、晾青、碾压以及烘焙、装箱等情况后，做了详细的笔记并进行对比，出版了《印锡种茶制茶考察报告》②，同时他在《乙巳考察印锡茶土日记》感慨：中国红茶如不改良，将来决无出口之日，其故由印锡之茶味厚价廉，西人业经习惯……且印锡茶半由机制便捷，半由天时地利。近观我国制造墨守旧法，厂号则奇零不整，商情则涣散如故，运路则崎岖艰滞，合种种之原因，致有一消一长之效果。③

回国后，郑世璜于1907年在江苏南京紫金山麓的霹雳淘创办了江南植茶公所，这是我国第一个将茶叶试验与生产相结合的国家机构，也是我国第一个专业的茶叶改良研究机构，场下设讲习所，进行人才的培养。

---

① 陈宗懋，杨亚军，2011. 中国茶经 [M]. 上海：上海文化出版社.

② 郑培凯，朱自振，2007. 中国历代茶书汇编校注本 [M]. 香港：商务印书馆.

③ 陶德臣，2017. 中国首个茶业海外考察团的派遣 [J]. 农业考古 (5)：64-68.

第三节　完美结合的茶文化载体

自"茶之为饮，发乎神农氏"后，茶具应运而生。随着茶叶品种的增加，饮茶方法的不断改进，茶具、茶器也在不断创新发展，除了制作技术的提高，还需要推陈出新，以满足品茶者的精神需求。因为品茶不仅仅是生理上需要饮水解渴，而是已经升华到一种文化，为全民族所共有，所以对于茶具，历来就非常讲究。茶和茶具是珠联璧合的文化载体，到了清代，文人紫砂至梅调鼎时代让茶文化载体的完美结合达到了巅峰。

一、陶瓷茶具是最常见的茶文化载体

陶瓷是茶具最常用的材质，随着烧制技术的提高，陶器从土陶到硬陶再到釉陶，釉陶火度再高上去就可烧成细润光亮的瓷器，陶质茶具就逐渐被瓷质茶具所代替，每个历史阶段都有各具特色的斗茶与品评的茶具受到人们的推崇。从宋元到明这一时期，宜兴陶茶具横空出世，与瓷茶具同时发展，并至今不衰。"景瓷宜陶"，并驾齐驱，将品茶变成了品美茶，成为欣赏各式茶具的一种愉悦的审美过程。

二、紫砂壶将艺术性和实用性完美结合在一起

紫砂茶具最早的文献记载，是见于北宋文学家欧阳修的《和梅公仪尝茶》诗中写到用紫砂壶饮茶，诗中写道："喜共紫瓯吟且酌，羡君

萧洒有余清。"在明代中叶以后，逐渐形成了名家团队集体创作，造型、壶铭独具匠心，是紫砂界最成功的文化创意作品。

紫砂壶是中国汉族特有的手工制造陶土工艺品。紫砂壶的原产地是江苏宜兴丁蜀镇，需采用当地特有的紫砂泥烧制而成，那是一种具有特殊团粒结构并带有双重气孔的紫砂泥料。制作紫砂器对工艺要求非常高，手工的制作工艺包括打泥片、拍打身筒（圆器）、镶接身筒（方器）或镶接与雕塑结合（花器）、表面修光、陶刻装饰等诸多步骤，在紫砂器的制作过程中，使用的制作工具超过一百种。唯有历经如此多的工序才能制造出一件令世人赞叹不已的紫砂壶，因而显得格外珍贵，正所谓"人间珠宝何足取，岂如阳羡一丸泥"。

三、玉成窑紫砂壶独领风骚

（一）玉成窑出产地在宁波慈城

说起紫砂壶，人们往往第一时间就想到宜兴的紫砂壶。然而，在江南水乡灵秀之地，曾经有一个紫砂壶的名窑，在业内具有特殊地位，时间很短，作品有限，那就是闻名中外的慈城玉成窑。

玉成窑窑址在今浙江宁波慈城，系清末著名的民窑。其烧制时间为清代道光至光绪年间，烧制产品不多，但均为传世精品。玉成窑的创始人为慈城著名书法家——梅调鼎。

梅调鼎（1839—1906），字友竹，号赧翁，慈溪（今江北区慈城镇）人，清末著名书法家、画家。其书法博采众长而独树一帜。清光绪帝的老师翁同稣评其书法："三百年来无这样高逸之作"，日本书法界称其为"清朝王羲之"。

梅调鼎

梅调鼎喜爱品赏佳茗，对紫砂茶壶更是情有独钟。其晚年之时，出于文人雅士对于紫砂壶的爱好，在沪甬两地的名门资助下，在家乡慈城创办"玉成"紫砂茶壶窑，并亲自设计题铭，以"调鼎"落款。玉成窑的"玉成"二字，有成全之意，用于紫砂窑名之中，寓指所出的紫砂壶身价不凡，可以与玉石媲美。

（二）玉成窑紫砂壶的特色

1. 玉成窑紫砂壶有其鲜明的制作工艺特色　制作一只优秀的玉成窑紫砂壶，首先要做的就是泥料的配比。玉成窑紫砂壶常用泥料的泥色多呈暖色，暖中略偏橘黄，是取宜兴紫砂土与慈城当地一种特有绿泥，按照一定的比例混合而成，因此与材质单一的宜兴紫砂有所区别。

玉成窑紫砂壶

2. 玉成窑紫砂壶是名家团体创造的作品　为了保证玉成窑出产的紫砂壶的品质，梅调鼎聘请宜兴名师制坯，由山农（慈城人）、东石（王东石）、曼生（张曼生）等名家刻铸，梅调鼎也在所制的紫砂壶上题写铭文，均有印款。如他在瓜蒌壶上所题"生于棚，可以羹。制为壶，饮者卢"，书法精妙入神，而且壶铭短小隽永，清新可诵，妙趣横生，皆为传世之精品。玉成窑不仅仅是一个文人紫砂窑口，更是一个有书画大家、文化名人领衔，制壶名手、陶刻高手共同参与的制陶工坊。当时宁波文风鼎盛，文人墨客云集，文人雅士为紫砂器题词作画，所刻词句切器、切题，造型、壶铭独具匠心，是紫砂界最成功的文化创意作品，是茶文化中结合最完美的茶文化载体。

（三）玉成窑紫砂壶的传承

因为玉成窑出产的紫砂壶在当时仅供梅调鼎等当地的文人雅士把玩赠送，所以梅调鼎故后，玉成窑就迅速没落，只留下少量精品被社会人士收藏。

张生是玉成窑非物质文化遗产的传承人，他以收藏、研究、传播玉成窑的历史文化为目的，以传承恢复玉成窑的作品特色为己任，在宁波投资筹建了玉成精舍和玉成窑紫砂文化研究所，为玉成窑爱好者提供了良好的交流平台，进一步推动了玉成窑文化的发展和创新。

第六章 ◎ 现代宁波茶文化发展略述

宁波的茶业经过晚清后民国时期的曲折发展，到1927采取了一些有利于茶业发展的政策措施，加上以"当代茶圣"吴觉农先生为代表的国内有志之士为振兴我国茶业所做的许多努力，改良茶叶生产技术，提高了茶叶的品质，革除了一些茶叶运销环节中的苛捐杂税、帮助茶农贷款等，到1937年宁波的茶叶贸易得到了一定程度的恢复。

　　但是1937年之后，日军侵华战争的爆发与国民党发动内战两个阶段对宁波的茶业经济带来了灭顶之灾。新中国成立后，宁波茶产业开始复兴，并粗具规模，焕发出勃勃生机，随着茶文化的兴起，进一步推动了茶产业的发展。

第一节　抗战前后宁波茶业受创严重

一、宁波茶业与平水茶关系密切

　　在19世纪前，宁波四明山上种有茶树，但面积不大，野生茶到处都有。当地农民把采摘下来的新鲜茶叶进行加工干制供内销，运销区域只及于附近县市集镇。当时虽还不是大宗生产，但茶叶已成为山上农民的主要收入来源。

　　19世纪中叶，因出口的需要，各地都组建了茶栈、茶厂。此时四明地区茶叶出口便利，运输快速，品质优良，引起各地茶叶商人的关注。在流通领域中，刺激了茶农种茶、制茶的积极性。茶农们披荆斩棘，开拓平整土地，栽种茶树。经过几代人的努力，茶叶生产便成了四明山区的主要产业。

（一）四明茶纳入平水茶范围

四明茶初制毛茶为长身茶，通过炒青干燥。收购炒青的外销商将四明茶与徽州茶原料掺和，复制成出口的徽式珍眉，品质并不差于徽茶。包装外面标写"婺源"字样，运到上海后与徽茶并堆，销售灵活，深受出口商人的喜爱。四明茶的原料供应，成为各栈商看中的目标。

随着茶栈设立，绍兴平水茶区所产销的圆形茶，演变成后来外销的珠茶，外销数量曾占华茶出口的首位，四明茶鉴于珠茶畅销国外，亦从长身改为圆形，从此四明茶外销纳入平水茶范围之内，但因宁波口岸的便利，仍有一部分长身茶为上海商人所乐于采购。

（二）平水茶栈主皆为有权有势者

平水茶区包括嵊县、绍兴、新昌、余姚、上虞、奉化、鄞县、东阳等市、县。整个茶区为会稽山、四明山、天台山诸大名山所环抱。境内山高林密，雨量充沛，适宜茶叶等作物生长。通过种茶人的精心培育和细心炒制，终于形成极品珠茶，并畅销海外。在20世纪前半叶，属外销全盛时期，计有大小私营茶厂（开始均称茶栈）百数十家，除绍兴、嵊县、上虞、诸暨和新昌外，宁波的分布地区如下：余姚有城内、梁弄；奉化有溪口、东山、岩头；鄞县有大皎、鄞江桥、密岩。平水帮茶商大多系本地人，且有权有势，能操控市场。

如以奉化溪口得泰茶栈为例：奉化县境内的茶栈比较小，多数是土庄做法，在四明主峰杖锡以东的毛茶，绍兴、嵊县、上虞等茶贩都鞭长莫及，全为奉化栈所揽有。但四明东部的产量不多，品质也不及四明中心和西部，因此也有一两家规模较大茶栈，伸展到四明中心高产区，溪口得泰便是其中之一。

又如开设在1934年茶业大失败之后的章家埠利农茶厂。企业主俞丹屏在本省参与不少工商业，如兴办电厂、丝厂等，四明西部十九都一带的毛茶，几乎全被他独家所包干。他在四明高产区姚属夏家岭村（夏兆海家），设置收茶庄口，茶农茶工们说：名为利农，实际上是欺农、害农。

（三）茶价不稳茶农受苦

毛茶价格，由于市场需求情况不一，徽州珍眉与平水珠茶，互有涨跌，幅度较大。四明茶在初制技术上，既不如徽茶的条线紧结，也不及平水高产区的颗粒圆整，因之毛茶售价，向来稍逊于徽茶珍眉及平水珠茶。但因四明茶的内在品质，在复制时，掺和到平水茶或徽茶中，均相适应。在两得其宜的情况下，茶价不致受市场变化而有过多差距，一担茶叶三担白米的等值，历来尚能保持平衡。

但当国内外形势发生剧烈变化时，茶价很不稳定。在经历1934年日本茶大量倾销后，洋商拒销华茶，加之在第二次世界大战中，我国航行受阻，茶叶消费国家元气受损，经济枯竭，购买力降低，消费量减少，茶价一落千丈。由于这些外来因素影响，茶价得不到长期稳定，忽高忽低，反复涨跌，苦了茶农，却给予茶商可乘之机，进行投机操纵的机会。如采用的司码秤：茶号一向用的是司码秤，20两作为1斤，而市上通用的是16两秤，一担100斤是1 600两，依司码秤计80斤，即一担毛茶挑到茶号，先要打个八折，茶农不得不依，明知吃亏，亦只好委屈成交。

动荡的时局令茶商垮台，茶农便首受其害。因外汇控制在反动政府手中，茶商结出外汇，收到伪法币，几经辗转羁留，待到茶农手中，等于废纸。

二、两次统购使宁波茶业惨遭灭顶

1937年，日军侵华战争的爆发与国民党发动内战两个阶段给宁波的茶业经济带来的却是灭顶之灾。

（一）第一次统购

1938年日军大举军事侵犯，上海市场沦入敌手，沿海各口岸岌岌可危，国民党政府却实行茶叶统购统销政策，不许商人自由贩运。主持这一业务的机关，开始是贸易委员会，后又划归中茶公司，统购统销的办法尚未出笼，内幕消息早已透露到商人一边。统购开始，收购机关要厂商以成本价定为收购价，还要选定标准样，定出标准价。厂商认为这样做，连成本都收不回来，无法成交。官商胶着，宁波收购机关决定直接运往香港，茶叶分批运出，都在香港成交，四明茶在香港成交过两批。

在宁波因经常受日军轰炸威胁，1939年统购地点转移到上虞通明坝。因为该地大部分平水茶，以及其他各县的茶运往宁波，都要经过这里。为顾虑敌机轰炸且方便过磅，另行组织了"宁绍台茶叶办事处"统一经营。

1941年浙东沿海各县沦陷前夕，已经收购到的茶叶大部分尚未起运，大批箱茶堆放在余姚到嵊县一带的祠庙仓库中。余姚县城失守，大批箱茶全部落在敌伪手中。茶叶缺人照料，日久遭霉烂，后竟作为废茶处理。兵荒马乱之际，到处是一派萧条景象。

（二）第二次统购

时隔5年，日军投降，宁波茶商重整旗鼓，认为华茶久未出口，定能受到国际市场的欢迎，便扩大收购毛茶原料，复制精茶，但是由于产地久经荒芜，四明山区的人民宁愿忍饥挨饿也不肯把茶叶运送到敌伪区去贩卖，茶农把劳动力转移到种植杂粮生产上，以度饥饿难关，茶叶生产遭到根本性破坏，原料减少，产量锐减，茶叶生产从此衰落。

在1946—1947年的两年中，反动政府仍然实施茶叶统购统销，压制收购价格。继之币值狂跌，物价飞涨，豪门控制了外汇，大小出口业尽落入罗网，茶叶经济在四大家族的盘剥下快速衰退。抗日战争后，又因为国民党蓄意发动内战而直接或间接地导致宁波茶叶经济跌落低谷，最终全面崩溃。

三、抗战结束后宁波茶业渐渐复苏

直到四明山成为革命根据地后，在革命力量的扶植下，茶农的政治觉悟逐步提高，认识到经济作物对人民生计的重大影响，于是大力发展茶叶生产，再从荒草丛中整理出茶树根苗，松土除草，施肥灌溉，使茶叶生产渐渐复苏。

新中国成立后的四明茶，从垦荒、下种、培育，直至茶叶采制，都是以集体方式进行。每一生产队都在扩种茶树，年年庆丰收，产量大大超过从前。到处都有茶叶初制厂，机声轧轧，一反过去的落后状态。收购归国家经营，没有中间剥削，茶农和制茶工人的生活年年在改善，告别了过去黑暗悲惨的生活。

第二节　当代宁波茶业聚焦科技稳步发展

新中国成立后宁波茶产业发展在经历了计划经济时代的以集体（国营）茶场、统购统销为主的产销体制，到改革开放后的家庭联产承包，再到市场放开以及民营茶企业的兴起之后，宁波茶业渐渐通过生产组织方式、生产技术、产品质量、销售渠道、产业延伸等发生历史性的变革，使宁波的茶产业实现了茶叶生产的规模化、现代化、产业化、生态化。进入21世纪后，通过实施茶叶基地建设、原产地保护、名优茶开发、提高茶叶质量安全、促进茶叶流通等使宁波的茶业迈入一个新时代。

茶业生产的性质从农副业、土特产生产转变为现代高效生态茶业，作为现代经济学意义上的茶产业、茶经济已粗具规模。尤其是改革开放以来，宁波茶业经历了改革阵痛而重获新生，焕发出勃勃生机，宁波茶产业凭借文化、科技、品牌、效益等优势，取得了巨大成就，品牌建设成效显著，各产茶县市区基本形成一地一品牌的格局，名优茶占了主导地位；有机茶园、无公害茶叶基地等生态型茶业发展水平不断提高；彩色茶研究达到世界领先水平。科技兴茶使茶树良种和先进生产技术得到广泛应用，提高了茶叶的品质和产业经济效益，对当代宁波茶叶稳步发展起到了积极的推动作用。

一、新中国茶业政策扶持恢复宁波茶叶生产

茶业政策是茶叶的产业政策，是国家制定的，在不同的社会发展阶段，政府为了实现一定的经济和社会目标，如通过制定国民经济计划，包括指令性计划和指导性计划，来推动产业结构升级、引导产业发展方向，或通过产业扶持计划、项目审批等有效资源配置来弥补市场缺陷等，从而对产业的形成和发展进行干预的各种政策的总和。不同时期国家出台的茶业政策对宁波茶业都有显著影响。

（一）新中国成立初期

新中国成立初期内忧外患，为应对美帝国主义的经济封锁，党和政府准备恢复和发展茶叶生产和出口，以换取外汇，从而获取以苏联为主的国际援助。

1949年10月，华东区财政经济委员会拟定《茶叶产销计划意见书》，认为：茶叶是我国出产的一宗重要外销物资，同时也是国内人民生活的必需品，我国的茶叶生产量曾超过全世界茶叶生产量的半数，但由于连年战争影响，茶叶生产量降低了90%，茶区农工因而生活濒于

绝境。针对该现象,《茶叶产销计划意见书》提出了全国各地茶业复苏计划,赋予茶叶作为主要外销物资的重要角色,必须在短时期内恢复生产,并超过战前的生产水平,中苏贷款协定的签订指定以茶叶偿还借款利息,这是新中国成立后,中国茶叶第一次输入苏联[①]。另外还有组织农民、设合作社、发放茶贷、改良品种、提高成茶质量等举措。

而同时期的宁波政府,正按照中央有关精神领导人民有步骤地进行废除封建土地所有制的土地改革运动,进行农业社会主义改造。农民分到了土地和其他生产资料,消灭了封建土地所有制,免除了苛重的地租,解放了农村生产力,为农业合作化奠定了基础,使宁波的经济发展和社会发展产生了深刻的变化。根据《宁波市志》记载:1936年产茶叶965吨,后战乱而衰微。新中国成立后,茶叶生产振兴,1949年产茶472吨,1950年茶区4县、20乡镇,产茶550吨,1959年增至1 707吨。[②]

1961年中共八届九中全会正式通过对经济实行"调整、巩固、充实、提高"的"八字方针",强调贯彻执行国民经济以农业为基础,对收购棉花、油料、麻类、茶叶、糖料等经济作物,实行奖励粮食政策,每收购一担上述作物都能奖励粮食,并且有计划地提高产品的收购价格,据《宁波市志》记载:1969年产茶1 389吨,破千吨关。1972年产茶2 379吨,1979年升至7 644吨。

(二)改革开放时期

党的十一届三中全会后,全国农村进行了改革开放,实行家庭承包经营成了基本的经济政策。1980年浙江省在茶业政策上对茶叶实行"确定基数,超产分成,减税让利",大大提高了茶农的积极性,宁波的茶业经济在20世纪80年代发展迅速:1981年产茶10 922吨,破万吨关;1984年9月,余姚天坛牌珠茶获西班牙第23届世界优质食品金质奖;1987年,茶区9县(市、区)、215乡镇,产茶15 630吨,其中春茶

---

① 张绳志,1950. 从中苏贷款协定说到今后茶叶增产 [J]. 中国茶讯 (1):2-3.

② 宁波市地方志编纂委员会,俞福海,1995. 宁波市志 [M]. 北京:中华书局.

7 745吨、夏茶4 236吨、秋茶3 649吨；次年产茶17 628吨，创历史最高纪录。1990年，茶区9县（市、区）、239乡镇，产茶17 283吨。[1]

（三）进入21世纪

到了21世纪，社会主义市场经济体制经过初步建立并逐步完善以后，我国的经济迅速发展，各行各业都充满活力，开放程度也日益提高，全球经济一体化进程加快，尤其乘着"一带一路"倡议的东风，宁波茶业的国际贸易范围也更为广泛。

随着社会经济发展，产业政策也在不断调整，对于长期作为种植业和土特产的茶叶的生产、销售，每一次农业政策的转变和调整，都对茶业经济产生直接影响。如第十届全国人大常委会第十九次会议决定，自2006年1月1日起，废止《中华人民共和国农业税条例》，国家不再针对农业单独征税，大大减轻了农民的负担；又如2008年审议通过《中共中央关于推进农村改革发展若干重大问题的决定》允许农村土地流转，不再限制土地的发展，扩宽了增收的途径、提高土地的收益，进一步激活了茶业经济。

茶叶是宁波地区的特色农产品之一，近年来出口规模始终位于全国前列。从宁波出入境检验检疫局获悉，2010年1—9月，各地经宁波口岸的绿茶共出口8.4万吨；2013年，宁波茶企茶叶出口达2.97万吨；2015年前10月，宁波茶企出口茶叶1.84万吨[2]；经过2013—2016年绿色贸易壁垒，2018年宁波茶企茶叶出口又达2.67万吨，2019年1—2月，宁波茶企的茶叶出口就有3 437吨[3]。这从另一个侧面也说明宁波的茶产业已然崛起。

---

① 宁波市地方志编纂委员会，俞福海，1995. 宁波市志 [M]. 北京：中华书局.

② 周哲，2015. 宁波茶叶出口降幅收窄 高端市场逆势增长成亮点（组图）[EB/OL]. https://business.sohu.com/20151109/n425795848.shtml.

③ 蔡志濠，2019. 2012—2017年宁波市茶叶出口情况 [EB/OL]. https://www.qianzhan.com/wenda/detail/190410-c6ec8b0f.html.

二、茶园面积和茶叶产量稳步增加

明、清时宁波茶区遍布各地，1936年有茶园4万亩，新中国成立前夕剩下荒芜零散的1.99万亩。新中国成立后1950年起，发放采制、肥料贷款，垦复茶园，至1957年，茶园恢复到3.20万亩。1974年后，鄞县、奉化、余姚四明山区及北仑区柴桥、郭巨山区、宁海南北部山区、象山沿海山区都按标准建设茶叶基地，年均发展近万亩。1978年，茶园17.53万亩。实行确定收购基数，超基数减税、加价让利政策，1982年茶园达到20.78万亩。之后一度滞销受挫，1987年茶园减至19.24万亩，余姚、鄞县、北仑区相继列入全国年产2 500吨干茶基地县。1990年，茶园面积一共18.83万亩，余姚、鄞县、北仑、宁海、奉化五地的茶园面积为16.57万亩，占总茶园的88%，均列为全国年产2 500吨干茶基地县[①]。由于茶树老化，投入减少，荒芜增加，茶园面积缩小，1994年面积为18.3万亩，宁波市有近15万亩茶园树龄在20年至30年以上，亟待改造。

通过林业贴息贷款、农业发展基金、扶贫资金、农业机械补助资金、财政拨款、银行贷款、引进外资、自筹资金等多渠道、多层次筹集资金，强化基础建设，加强茶树良种进行茶园改造[②]。截至2013年，宁波市有茶园22.7万亩，建有无公害生产基地7.8万亩，有机、绿色食品茶园1.5万亩。

2016年，宁波市行政区划调整后，宁波辖海曙、江北、镇海、北仑、鄞州、奉化6个区，宁海、象山2个县，慈溪、余姚2个县级市，10个区、县（市）都有茶叶种植生产。以2019为例，宁波茶园主要分布位置及具体情况如下表。

---

① 宁波市地方志编纂委员会，俞福海，1995. 宁波市志 [M]. 北京：中华书局.
② 魏国梁，1996. "八五"回顾与"九五"工作思路 [J]. 宁波茶业 (1)：6-9.

2019年宁波茶园主要分布位置及具体情况

序号	行政区划	茶园主要分布乡镇	茶园面积	总产量	产值
1	海曙区	横街镇、鄞江镇、章水镇、龙观乡等乡镇	1万余亩	1 097吨	2 800余万元
2	江北区	慈城镇的三勤村、金沙村、五联村、毛岙等村	3 345亩	51吨	3 600万元左右
3	镇海区	九龙湖镇	1 395亩	86吨	
4	北仑区	大碶街道、白峰镇、春晓镇、柴桥街道、大榭开发区等	6 060亩	388吨	
5	鄞州区	瞻岐镇、塘溪镇、横溪镇、东钱湖镇等,其中福泉山茶场拥有茶园3 600余亩,是宁波市占地面积最大、茶树品种最多的茶场	1.46万余亩	1 175吨	
6	奉化区	尚田街道、西坞街道、大堰镇、裘村镇、莼湖街道、松岙镇、萧王庙街道等10个镇(街道)	2.25万余亩	1 038吨	1亿元左右
7	宁海县	桑洲镇、深甽镇、茶院乡、岔路镇、黄坛镇、跃龙街道、一市镇、桥头胡街道、力洋镇、越溪乡等15个乡镇街道	4.9万亩左右	3 988吨	3亿元左右
8	象山县	除了高塘、定塘、晓塘、丹东外,其余14个镇乡(街道)均有一定规模茶园分布,千亩以上的有西周、茅洋、泗洲头、墙头、避岙、贤庠等,其中西周和茅洋超过2 000亩	1.4万余亩	624吨	6 324万元

序号	行政区划	茶园主要分布乡镇	茶园面积	总产量	产值
9	慈溪市	横河镇、匡堰镇等乡镇	4 000亩左右	51吨	1 800余万元
10	余姚市	共有6个街道办事处、14个镇、1个乡，17个镇乡（街道）均有茶园，茶园面积千亩以上有大岚镇、四明山镇、鹿亭、梁弄、梨洲街道、兰江街道、陆埠等乡镇，其中大岚镇茶园面积万亩	5.4万余亩	3 989吨	3亿元左右

注：根据宁波市农业农村局统计数据总结。

根据宁波统计年鉴农业篇记载，进入21世纪以来，宁波市的茶园总面积和茶叶总产量基本保持稳定，2000—2018年统计年鉴农业篇茶叶总量如下表。

2000—2018年宁波茶叶总量

年份	茶园总面积（公顷）	采摘面积（公顷）	茶叶总量（吨）	备注
2000	11 890	10 777	17 997	
2004	12 581	11 463	19 936	
2008	12 796	11 712	20 285	
2009	12 636	11 375	18 802	
2010	12 718	10 838	18 155	
2011	12 402	10 454	17 843	
2012	11 986	9 740	16 604	
2013	11 699	10 018	15 277	遭遇了气候倒春寒、市场"倒春寒"

年份	茶园总面积 （公顷）	采摘面积 （公顷）	茶叶总量 （吨）	备注
2014	13 498	10 589	15 921	
2015	12 070	10 533	14 495	
2016	11 649	10 173	14 223	
2017	11 464	9 682	13 599	
2018	11 405	9 513	13 147	

注：根据2000—2018年宁波统计年鉴农业篇总结。

三、茶场及茶企开始步入现代化、产业化、生态化

古代的时候，宁波没有大规模的制茶企业，民国时期宁波主要有平水帮茶栈进行茶叶加工，但一家精制茶厂都没有，1952年开始慢慢建立，原有国营茶企5家，除宁波福泉山茶场外，其余的1家已经注销、3家已改制，如今宁波不仅拥有获得QS（SC）认证企业150余家，获绿色食品（茶叶）17家、无公害农产品认证企业62家，按行政区划总结如下表。

宁波茶企

序号	地点	获得QS（SC）认证	绿色食品（茶叶）	无公害农产品认证企业	代表企业	知名商标（树种）
1	海曙区	8家	3家	2家	宁波市海曙区它山堰茶叶专业合作社	它山堰
2					宁波市五龙潭茶业有限公司	御金香

（续）

序号	地点	获得QS(SC)认证	绿色食品(茶叶)	无公害农产品认证企业	代表企业	知名商标（树种）
3	江北区	6家	1家	6家	宁波市江北区百农茶叶专业合作社	小望尖、甬春、甬红
4					宁波市江北绿茗白茶有限公司	宁波白茶
5	鄞州区	7家	3家	4家	宁波福泉山茶场	东海龙舌
6					鄞州塘溪董山茶艺场	
7					宁波市鄞州太白滴翠茶叶专业合作社	太白滴翠
8					鄞州柯青家庭农场	太白滴翠
9	镇海区	2家	1家	2家	宁波市镇海区九龙湖镇秦山春毫茶场	秦山春毫
10	北仑区	14家	3家	3家	宁波市北仑孟君茶业有限公司	三山玉叶
11					宁波海和森食品有限公司	海和森红茶春晓玉叶（绿茶）
12					宁波大谢开发区玉峰茶场	七顶玉叶茶
13	奉化区	6家	1家	12家	奉化区茶场	
14					奉化区南山茶场	奉化曲毫、弥勒茶禅、弥勒白茶
15					宁波市奉化雨易茶场	奉化曲毫、雨易红
16					奉化利源农业开发有限公司	
17					宁波市奉化区雪窦山茶业专业合作社	雪窦山
18					宁波奉化安岩茶场	

序号	地点	获得QS(SC)认证	绿色食品（茶叶）	无公害农产品认证企业	代表企业	知名商标（树种）
19	宁海县	38家	2家	2家	浙江省宁海茶厂	
20					茶山林场	
21					宁波俞氏五峰农业发展有限公司	俞峰堂、凌霄芽
22					宁海县望府茶业有限公司	望府茶
23					宁海县桑洲茶场	双尖香茗
24					宁波望海茶业发展有限公司	
25					宁海县望海岗茶场	望海茶
26					宁海县桥头胡兰茗良种茶场	
27					宁海县桑洲镇紫云山茶场	
28					宁海县桃源街道妙云茶场	
29					宁波赤岩峰茶业有限公司	"宁"字牌茯苓砖茶、"元音"牌赤岩峰砖茶
30	象山县	6家	1家	4家	象山县高登洋茶场	嵩雾
31					象山半岛仙茗茶业发展有限公司	半岛仙茗
32					象山茅洋南充茶场	野茗红
33	余姚市	46家		17家	余姚茶场	
34					余姚市屹立茶厂	四明春露、瀑布仙茗
35					余姚市杨杰园艺场	

序号	地点	获得QS(SC)认证	绿色食品（茶叶）	无公害农产品认证企业	代表企业	知名商标（树种）
36	余姚市	46家		17家	余姚市夏巷荣夫茶厂	余姚瀑布仙茗
37					宁波黄金韵茶业科技有限公司	黄金芽、御金香、黄金甲
38					余姚市四窗岩茶业有限公司	四窗岩、老沈家
39					余姚市姚江源茶厂	
40					宁波御金香抹茶科技有限公司	四面山、御金香等
41	慈溪市	8家	2家	2家	宁波戚家山茶叶有限公司	戚家山仙茗、戚家山工夫红茶
42					慈溪市岗墩茶叶有限公司	岗顶大良茶
43					慈溪市横河镇童吞茶场	慈溪南茶

注：根据获得宁波市茶叶生产QS（SC）认证企业名录、绿色食品（茶叶）和无公害农产品认证企业名录总结。

四、茶树品类繁多且品种优良

宁波茶叶在20世纪50年代栽植以鸠坑群体种为主，60年代起，先后引植福鼎白毫等，80年代末期以来，先后引进了福鼎大白茶、龙井系列、安吉白茶等优良品种，近年来又培育出黄金芽、四明雪芽等珍稀白化茶树品种，使宁波市名茶得到迅速发展，并成为茶产业的主要支撑。

宁波茶树主要品种及主要茶类

序号	行政区划	主要品种	主要茶类	备注
1	海曙区	鸠坑种、乌牛早、迎霜、浙农113、龙井43、安吉白茶、黄金芽、中茶108等	名优绿茶和红茶	
2	江北区	白叶1号、龙井43、乌牛早、鸠坑群体种等	绿茶	
3	镇海区	乌牛早、龙井43、迎霜、黄金芽等	绿茶为主，少量红茶（秦山春毫茶场）	
4	北仑区	鸠坑群体种、乌牛早、龙井43、迎霜、歌乐、福鼎、金观音等	名优绿茶、珠茶、红茶	
5	鄞州区	群体鸠坑种、乌牛早、迎霜、龙井系列、白叶1号等，近年来引进了御金香、黄金芽等彩色茶树品种	珠茶、名优绿和红茶	
6	奉化区	鸠坑群体种、福鼎大毫、福鼎大白、乌牛早、白叶1号、黄金芽等	绿茶（优茶、优质茶以及珠茶等），少量生产红茶、白茶及抹茶	
7	宁海县	鸠坑群体种、福鼎白毫、迎霜、劲峰、翠峰、乌牛早、黄叶早、龙井43、菊花春、早逢春、歌乐、浙农117、白叶1号等	绿茶、白茶、红茶、黑茶等	
8	象山县	鸠坑种、迎霜、浙农113、乌牛早、平阳特早、智仁特早、菊花春、龙井43、安吉白茶、黄金芽、中茶108以及从福建引进福鼎大白茶、福云6号等	珠茶、烘青大宗茶、名优绿茶和红茶等	
9	慈溪市	鸠坑种、铁观音、福鼎白毫等，近年来，引入了乌牛早、龙井43、浙农117、安吉白茶等无性系良种		

序号	行政区划	主要品种	主要茶类	备注
10	余姚市	福鼎白毫、迎霜、浙农21、龙井43、藤茶、乌牛早、翠峰、福鼎大白茶、安吉白茶，近年来选育成黄色、白色、花色三个色系10余个新品种，其中黄金芽、千年雪、小雪芽新品种中的4个基因序列，被美国国家生物基因库收录。2007年，黄金芽和四明雪芽被浙江省林木品种审定委员会认定为林木良种	珠茶、烘青茶、名优绿茶、红茶、粉茶等	获"浙江省茶树良种先进县"称号

注：根据宁波市农业农村局统计数据总结。

五、名优茶得以恢复并创新开发

宁波自古就有名茶，其中名望最高的当属《茶经》所记的瀑布仙茗，在宋元期间，四明十二雷作为贡茶而被载入史册。据《宁波府志》《四明志》和各地方志可知，各朝代仍有名茶出现，到近代，各类名茶先后湮没于茶坛。

新中国成立后，茶叶一直是我国重要的出口农产品之一。改革开放政策实施后，中国社会经济结构发生了很大的变化，出口创汇不再仅仅依赖于传统的原材料产品，茶叶出口创汇的地位也随之明显下降。

宁波虽是茶叶出口大港，但出口企业自有品牌少，更没有国际知名茶品牌，一直以来外销的茶叶主要依靠贴牌加工和提供散装原料茶，出口国以非洲等发展中国家为主，比例大约为西非占65%，北非占20%，中东和东南亚占13%，欧美、日本发达国家占2%。消费人群大多是阿拉伯民族及一些游牧族，喝茶是为了助消化、去油腻，企业之间是以价格为主的低层次水平竞争。

当前茶叶市场的竞争，已经不仅仅是价格竞争，而是要从品牌建设、文化传播、技术提高与发展等方面来提高竞争力。通过调整和优化茶类结构，完善生产、销售等组织体系，增加产品的附加值，培育独特产业优势，以破解宁波茶业生产规模、效益难以大幅上升的难题。

20世纪70年代末，浙江省农业厅通过举行全省名优茶评比倡导各地挖掘恢复历史文化名茶，创制新名茶。在政府政策的扶持和指导下，通过广大科技人员的努力，使长期失传的余姚、奉化和宁海最有代表性的历史名茶相继恢复，并有所创新，各县市区也纷纷进行本地名优茶的开发创制。

自1982年，宁海望海岗茶场的望海茶在连续三年被评为浙江一类名茶基础上，取得浙江名茶称号后，望府银毫1984年被评为中国名茶。

2007年，通过对茶叶的外形、香气、滋味、汤色和叶底进行评比，宁波首届"八大名茶"评比结果发布，望海茶（宁海）、宁波印雪白茶、奉化曲毫、三山玉叶（北仑）、瀑布仙茗（余姚）、望府茶（宁海）、四明龙尖（余姚）、天池翠（象山）入选，其中排名第一的望海茶，除了具有高山云雾茶的天生丽质外，其优异的加工工艺，使得望海茶在杯中，能表演"凤凰三点头"的美丽的茶舞现象，夺得魁首当之无愧。另外，瀑布仙茗是源于汉晋时期的古老名茶，1983年恢复生产后成为宁波唯一恢复的传统名茶，其余均为创新名茶。

根据历届中绿杯评比情况，蝉联十届"中绿杯"金奖的有：北仑孟君茶业有限公司三山玉叶、奉化安岩茶场滴水雀顶；得奖较多的有望海茶系列、奉化曲毫系列、望府茶等。望府红茶获得浙江名红茶称号。

（一）宁波史录名茶罗列

从古至今宁波一直是比较重要的产茶地区，每个朝代也都有名茶出现，随着时代变迁，社会发展，一些名茶已经湮没在历史长河中，唯有在志书、文献中留下一些印记，现根据《浙江通志·茶叶专志》①《浙江名茶图志》②及宁波地方志资料记载，将宁波历史上出现过的名茶做一罗列。

宁波史录名茶

序号	年代	茶名	地点	文献依据
1	晋唐	瀑布仙茗	余姚	茶经
2	宋代	十二雷茶	余姚	乾隆《浙江通志》卷一〇三"物产"、北宋晁说之《赠雷僧》、南宋王应麟《四明七观赋》
3		化安瀑布茶	余姚	宋嘉泰《会稽志》卷十七《日铸茶》
4		宁海茶山茶	宁海	宋桑庄《续茶谱》
5		盖苍山茶	宁海	南宋嘉定《赤城志》卷二十二《山水门》、清光绪《宁海县志》卷二
6		郑行山茶	宁海	南宋宝庆《四明志》卷二十一引《象山县志》、明万历《象山县志》、明嘉靖《宁波府志·山志》
7	元代	范殿帅茶	慈溪	元忽思慧《饮膳正要》、元至正《四明续志》卷五《土产》、清光绪《慈溪县志》卷六、清谈迁《枣林杂俎》
8		雪窦山茶	奉化	元诗人成廷《送澄上人游浙东二首》、清光绪《奉化县志·物产》
9	明代	朱溪茶	象山	清雍正《浙江通志·物产》引万历《象山县志》、清刘源长《茶史·茶之分产》
10		珠山茶	象山	明嘉靖《宁波府志·山志》、清雍正《浙江通志》卷一〇三《物产三》、清乾隆《象山县志》卷三《物产》、清道光《象山县志》卷一《山川》

---

① 浙江通志茶叶专志编纂委员会，2020．浙江通志·茶叶专志 [M]．杭州：浙江人民出版社．

② 罗列万，2021．浙江名茶图志 [M]．北京：中国农业科学技术出版社．

序号	年代	茶名	地点	文献依据
11	清代	太峰巅茶	镇海	清乾隆《镇海县志》卷四《物产》、清光绪《镇海县志》卷三十八《物产》
12		建岵峇茶	余姚	清康熙《余姚县志·物产》、清光绪《余姚县志》卷二《山川》
13		童家峇茶	余姚	清光绪《余姚县志》卷六《物产》
14		太白茶	鄞县	清乾隆《鄞县志》卷二十八《物产》、清同治《鄞县志·物产》

注：根据《浙江通志·茶叶专志》《浙江名茶图志》及宁波地方志资料总结。

（二）得以恢复的宁波传统名茶

1978年开始，宁波市、县政府和广大科技人员重视名特产品的开发，市财政先后投资60万元，用于茶类改制和名茶创制，使长期失传的各类历史名茶相继恢复，并新创制一批地方名茶。在实行名茶战略中，当代宁波茶人，接过先辈的传统，通过实地调查、研究植茶技术，探索茶叶炒制方法，终于恢复了唐代名茶余姚瀑布仙茗。

余姚自古便是浙江茶叶的重要产区，茶文化底蕴丰厚，境内的四明山平均海拔为500米，青山秀水，满山茶树，晋代文献《神异记》记载的余姚人虞洪遇道士丹丘子获大茗的故事，再经过陆羽在《茶经》和《顾渚山记》中先后三次转引，并记载瀑布仙茗为浙东上品，使得瀑布仙茗成为宁波乃至全国第一的古名茶。

1979年余姚农林局决定恢复瀑布仙茗的生产，因制茶的工艺早已失传，县林业局技术干部陈祖庭会同梁弄区公所茶叶干部陈玉汉在梁弄白水冲道士山村查阅资料，攻坚克难，终于摸索出瀑布仙茗的生产工艺，第一锅瀑布仙茗于当年杀青。

瀑布仙茗又名瀑布茶，系毫品种为原料、全炒型针形茶，外形紧挺似笋浑圆或紧直，挺秀似针略扁，香高持久，汤绿明亮，味醇厚爽口回甘，叶底绿而明亮。1980年获一类名茶称号，2002年在杭州举行的中国精品名茶博览会上获金奖。后又获"宁波市知名商标""中国驰名商标""宁波八大名茶""中华文化名茶"等殊荣。均绿牌余姚瀑布仙茗在2018年第二届中国国际茶叶博览会上获得金奖。

1986年，白化茶育种专家王开荣教授找到了三女山、开寿寺等遗迹，并在余姚车厩乡虹岭茶场恢复创制了松针形的四明十二雷。四明十二雷又名三女茶，浙江省十大名茶之一，宋末至明初曾作为贡茶，产于余姚六埠区三女山、虹岭、上芝林一带，是宁波历史上唯一有明确记载的贡茶，与"四明白茶"为同一茶，另外还有名称为"区茶"。明朝万历年停止进贡后，制作工艺也渐渐失传，直至1986年才又重新试制成功①。现该茶制作工艺被列入第三批余姚市非物质文化遗产名录。

2010年响应宁波市地区茶叶公共品牌建设，四明十二雷加入"余姚瀑布仙茗"大家庭。

瀑布仙茗

① 严忠苗，陈永润，2009．姚江特产［M］．杭州：浙江古籍出版社．

（三）创新名茶发展迅速

改革开放以后，宁波茶业生产迅速发展，茶叶消费趋向优化。为满足国内外市场的需要，各地对地方名茶进行了创新开发。

1. 昔日茶山茶，今日望海茶 宁海位于象山港和三门湾之间，四明山和天台山两大余脉在境内交会，形成"七山一水两分田"地貌，雨量充沛，森林覆盖率达62%，从宋代起就出产名茶茶山茶，品质甚至在日铸茶之上。

随着时间推移，宁海名茶被湮没在历史的长河中，历史上的茶山茶只是僧人种于寺院旁的零星茶叶，1958年茶山建设国有林场，才开始在海拔六七百米的高山盆地大面积种茶。1963年以后，100多名宁波、宁海知识青年陆续到茶山开荒种茶，经过几代林场职工和知识青年的努力，茶山现有1 100多亩有机茶茶园。

昔日茶山茶，真正焕发青春，是从1980年开始，享受国务院政府特殊津贴的著名茶叶专家陈洋珠在望海岗与茶山一带试制名茶，名为"望海茶"。特一级茶鲜叶采摘标准为一芽一叶初展，于谷雨前后选晴天或露水干后摘紫色芽。

望海茶外形细嫩、紧直、纤秀，绿润匀整，汤色清绿明亮，清香持久，滋味鲜醇回甘，创制后1984年荣评首批浙江省级名茶，2002年在杭州举行的中国精品名茶博览会上获金奖。2004年跻身省十大名茶之列，2007年被评为宁波八大名茶之首，2008年获浙江农业名牌产品，2009年获中国鼎尖名茶，2010年获"中华文化名茶"称号，此外在农产品展览、中国农业博览会、"中绿杯""国饮杯"、全国名茶评比中屡获金奖。2016年获国家工商行政管理总局"地理标志证明商标"，2017年因耐储藏等特点，被农业部评定为名特优品牌。

如今，宁海县人民政府自出台《关于实施名茶品牌战略的通知》后，确立"望海茶"为全县茶叶的龙头品牌，建立一批高标准的望海茶生产基地，抱团实现集群扩张，取得了良好的经济效益。

望海茶

2. 宁波印雪白茶　"印雪白"牌宁波白茶是对四明十二雷（四明白茶）恢复后的创新。白茶在民间一直作为"茶瑞"而显珍贵，北宋因宋徽宗的赏识更被奉为至尊，四明十二雷作为"四明白茶"自南宋起就作为贡茶，明代停贡后，清代全祖望恢复研制成功。

1998年年底，宁波市林特科技推广中心王开荣教授带领团队开始第三次进行宁波白茶的研制。他们在余姚市四明山镇大山村率先规模化引种了安吉白茶，采用新发明的专利工艺创制出宁波白茶，2001年，应用季周期栽培新技术先后在余姚、象山、奉化等地四县（市）8家茶场进行白茶栽培，并统一采用新的采制工艺，向市场推出"印雪白"牌宁波白茶。

印雪白茶

印雪白茶以白化茶鲜叶为原料，将芽叶折成卷状或者弯如月钩状；干茶色白（黄绿相间）镶金色；汤色翠绿柔亮；香郁持久，味极鲜醇回甘，很有特色。选育出四明雪芽、千年雪、黄金芽等多个白化茶新品种，更是体现了宁波白茶的珍稀性。值得一提的是，茶叶内氨基酸含量达11.07%，为世界之最，四个特有基因被收录在美国国家生物中心世界基因库，这是对知识产权的肯定，也是宁波市科技水平的体现。

印雪白茶是宁波首批八大名茶之一，2002年在杭州举行的中国精品名茶博览会上，宁波"印雪白茶"获金奖，在"中绿杯"名优绿茶评比中屡获金奖、在第六届"中茶杯"全国名优茶评比获一等奖、获2010香港国际茶叶食品博览会金奖等殊荣。

3. 奉化曲毫再现"雪窦寺曲毫"　奉化地处浙东天台、四明两大山脉中央，自古便是产茶地区，五代时因为有布袋和尚圆寂在岳林寺而出现天下僧人皆来奉化求缘的现象，至宋佛教对奉化的影响就更为深远。据资料记载，宋朝奉化的茶业已经繁兴，除了民茶和官茶，当时的僧茶也是奉化茶重要的组成部分，而雪窦寺的曲毫便是当时的名茶。

1996年以著名农技专家方乾勇为主的奉化新茶人，选择了一系列的优良品质，通过各种试验，最后选择了无性系多毫良种，用一腔热血做大做强"奉化曲毫"，使失传已久的"雪窦寺曲毫"得以再现。

奉化曲毫为宁波市首批八大名茶之一，采用多毫品种为原料、半烘炒蟠曲工艺和全程机械化生产加工的浙江省级名茶。外形肥壮蟠曲多毫，银绿显活，汤色绿翠明亮，香气清高持久，滋味醇厚甘爽，耐冲泡，肥嫩成朵、嫩绿明亮。浙江大学农业与生物技术学院教授，国

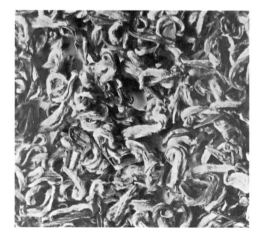

奉化曲毫

家一级评茶师，高级考评员龚淑英曾做评价："宁波的卷曲形茶全国第一，条形茶名列前茅。"

奉化曲毫问世后首先被评为浙江省一类名茶，2002年在杭州举行的中国精品名茶博览会上获金奖。2005年荣获"中绿杯"银奖。2007年获得"首届世界绿茶大会最高金奖"，2009年获得"中茶杯"特等奖、浙江省著名商标、宁波市名优茶评比金奖之后又相继荣获浙江省农博会金奖、宁波市名牌产品中国精品名茶金奖、中绿杯金奖等，同时还获得"受原产地保护"的注册标志。

2017年12月8日，被农业部评为名特优品牌。

4. 三山玉叶　三山玉叶产自北仑区春晓镇东盘山，采用迎霜、乌牛早等无性系少毫良种茶树鲜叶为原料，全炒型工艺加工而成的扁形茶，茶外形扁平光滑、挺直尖削、银毫偶显，汤色翠绿明亮，香气清高持久，滋味甘醇鲜爽，叶底嫩绿明亮。创制人鲁孟军是宁波市非物质文化遗产当地绿茶手工制作的传承人。

自2005年起，北仑孟君茶业有限公司选送的三山玉叶连续三届荣获"中绿杯"中国名优绿茶金奖称号，并在2009年中国（上海）国际茶叶博览会中国名茶评选中，荣获特别金奖，是宁波市首届八大名茶。

三山玉叶

5. 宁海望府茶和望府银毫　宁海望府茶和望府银毫均产于宁海县

城南第一高峰望府楼茶场。望府银毫加工技术，与望海茶加工技术大同小异，最主要的是品种不同，望海茶是少毫品种制成，望府银毫是多毫品种加工成的，成品茶叶银毫镶翠，满披茸毛，银白隐绿光润；冲泡后，叶底嫩绿成朵，汤色清澈明亮，香高鲜纯，味醇爽口回甘。望府银毫是余姚籍农艺师全国"五·一"劳动奖章获得者陈洋珠自恢复茶山"望海茶"后，1989年于望府楼茶场创制出来。

望府茶1988年被评为浙江省一类名茶，1989年荣获农业部授予的全国名茶称号；1989年，望府银毫被农业部评为全国25种名茶之一。"望海茶"和"望府银毫"获国际名茶评比金奖，为浙江省名牌产品，2005年荣获"中绿杯"金奖，2007年被评为八大名茶之一。

望府茶

望府银毫

6. 望府金毫　宁海望府茶创始人王家福1984年承包了200亩荒山开始创业，成立了宁海望府茶业有限公司，自成功开发绿茶"望府银毫"后，2010年5月在"望府红茶"基础上研制出"望府金毫"，茶叶外形条索细秀、匀整乌润、略卷曲、显金毫；汤色红艳明亮；香气高鲜，略有花香；叶底细嫩成朵、匀齐红艳明亮，是红茶中的精品，当年8月在世界茶联合会主办的第八届国际名茶评比中以其优异品质喜获金奖，后又在"中茶杯"名优茶评比和"浙茶杯"优质红茶评比中分获特等奖和金奖。望府红茶连续3年获评"浙茶"杯红茶金奖后，于2018年被授予"浙江名红茶"称号。

7. 半岛仙茗　半岛仙茗由象山县林业特产技术推广中心于2001年创制，主要采用单芽和"一芽一叶"为原料精制而成，因具有外形细嫩挺秀、气味嫩香持久、滋味嫩爽回甘、汤色嫩绿明亮、叶底嫩匀鲜活"五嫩"特色而独树一帜。

2001年7月初，在浙江省第十四届名茶评比中"半岛仙茗"获浙江省一类名茶称号，2002年在杭州举行的中国精品名茶博览会上，"半岛仙茗"茶获金奖。2005年荣获"中绿杯"银奖。2018年第九届"中绿杯"全国名优绿茶质量评比金奖。

半岛仙茗

2021年5月，第四届中国国际茶叶博览会在杭州国际博览中心举行。象山茶文化促进会组织象山茶叶企业参加展示展销，目前象山名优茶生产已具备产业化基础，初步形成了以"象山半岛仙茗"公用品牌为龙头的产业格局。如象山县墙头镇智门寺茶场的茶园共300余亩面积，属于半岛仙茗公司旗下的无公害茶园。

8. 东海龙舌　"东海龙舌"产于东钱湖旅游度假区福泉山茶场，是1982年利用良种"迎霜"芽叶试制成的。福泉山茶场海拔560余米，常年云雾缭绕，土层深厚肥沃，气候温和湿润，是茶叶良种繁育基地。

该茶外形扁平狭长挺直，色黄绿显毫，形似龙舌；内质香高持久，汤色清澈明亮，滋味浓醇爽口有回味，叶底肥厚成朵，品质特佳。1986

年起，连续三年被评为宁波市名茶（扁茶类）第一名。

1991年，在浙江省茶叶学会第三届斗茶会上，荣获"名茶新秀"一等奖。1993年，获中国优质农产品科技成果奖。1998年，获浙江省优质农产品奖。2001年，被市政府授予宁波市名牌产品证书，在浙江省第十四届名茶评比中，获浙江省一类名茶称号，2002年5月，在杭州举行的中国精品名茶博览会上获金奖。2003年认证国家无公害农产品。2004年，通过中国农业科学院茶叶研究所中农质量认证中心有机茶认证，同年获浙江省著名商标称号。2005年荣获"中绿杯"银奖。

连片的福泉山茶场

9. 它山堰茶　它山堰茶是海曙区的茶叶区域公用品牌，2005年4月第二届中国宁波国际茶文化节全国名优绿茶评比即"中绿杯"中"它山堰"白茶荣获金奖。

2010年由王开荣主持育种，由当地小叶种群体茶树的实生苗白化变异选育获得的，2013年6月被认定为国家植物新品珍稀良种，为黄色系白化茶种，获植物新品种证书，其最大的特点是抗逆性强、高产，且品质优异，氨基酸含量高达5.2%。2019年5月，在杭州举行的第三届中国国际茶叶博览会上，它山堰茶叶专业合作社的优茶品"明州里""郁金香"因为多了"气候品质认证"标签和二维码，得到了消费者的青睐，身价暴涨。

"它山堰"牌御金香白茶在2018年第二届中国国际茶叶博览会上获得金奖和第五届庐山问茶会茶叶评比金奖后，又获第八届"中绿杯"全国茶叶评比金奖、浙江绿茶博览会金奖，2020年7月在第十届"中绿杯"评比中摘得特别金奖。

10. 太白滴翠绿茶　太白滴翠绿茶是行政区划调整后，鄞州区针对区内茶叶品牌多而散、种植规模小、市场竞争力弱等问题，整合区内多家茶叶生产企业、种植基地组建的区域品牌。"太白滴翠"在采摘时就有一定的要求，"摘取的青叶不能太大，也不能过小"，还有"一芽一叶"的说法，底部的根是不能摘掉的。茶叶就如同刚刚雨水莅临过的娇鲜，色泽干净碧翠，茶水泡开后茶汤色泽翠碧，味道鲜醇爽滑，入喉甘甜，品茗后唇齿留香。

太白滴翠绿茶

2020年7月，第十届"中绿杯"中国名优绿茶质量评比中，鄞州区选送的太白滴翠绿茶（黄化茶）和太白滴翠绿茶双双喜获特别金奖；鄞州塘溪董山茶艺场和鄞州大岭农业发展有限公司选送的1个太白滴翠绿茶和2个甬茗大岭绿茶荣获银奖。董山茶艺场的"太白滴翠"与"甬茗大岭"属同区域公用品牌"太白滴翠"。

太白滴翠商标

11. 化安岩茶场滴水雀顶　宁波奉化安岩茶场位于奉化区尚田镇葛岙村安岩村，四明山脉与天台山脉交接处，平均海拔400～600米。目前有茶叶基地500多亩，年产各类名优茶1 500多千克。茶场总经理黄亚芳是尚田镇葛岙安岩村人，从小耳濡目染，跟着父亲黄善强学会了手工制茶手艺，并且不断引进和研发新品种，主要生产奉化曲毫与安岩白茶两大类茶叶。安岩茶场2003年注册"滴水雀顶"商标，2006年茶场通过宁波市无公害农产品产地与无公害农产品认证，2007年茶场又通过QS质量标准体系认证。

由黄亚芳和父亲制作的滴水雀顶茶，已蝉联十届"中绿杯"金奖。

化安岩茶场滴水雀顶茶

12. 宁海赤岩峰茶　宁海赤岩峰茶由宁波赤岩峰茶业有限公司生产，公司前身为1983年建厂的宁海县茶砖厂，生产"宁"字牌茯砖，2008年重建，生产"元音"牌砖茶，拥有国内最先进的砖茶生产流水线，其产品选料从优，主要原料来自家乡有机茶、绿色茶认证基地，逐年采购的原料全部达到了3年以上陈化要求。

而今赤岩峰茶为青砖茶属黑茶类，外形为长方砖形，美观平整、色泽褐亮、陈香醇和；汤色清亮，富含氨基酸、茶多糖、富硒矿质等多种元素。

2011年11月"元音"牌砖茶获第四届中国国际森林产品博览会金奖。2012年春天，"元音"牌砖茶被列入国家"边销茶"，取得边销茶经销资格。

"宁"字牌茯砖

赤岩峰黑茶茶汤

（四）宁波彩茶创制技术引领国际水平

宁波市农业技术推广总站王开荣教授，从白化茶育种、到黄金芽开发，再到彩色茶园生态高效栽培技术，引领国际先进水平，为茶产业开启崭新未来。

1. 宁波彩色茶树品种在国内占主导地位　据不完全统计，全国共获得新品种权、良种权、品种登记的彩色茶树品种共27个，宁波就占有20个，数量达到全部品种的四分之三，其中12个早生品种和5个亚系为宁波特有[1]，现有彩色茶树品种（系）如下表。

现有彩色茶树品种（系）

色系	品种 产地 数	全国		宁波	
		数量	其中早生	数量	其中早生
白化系	白色	5	2	3	2
	黄色	11	4	8	4
紫化系	橙色	1	1	1	1
	红色	1	1	1	1
	紫色	4	1	2	1
	紫黑	1	1	1	1
复色系	二色	3	1	3	1
	三色	1	1	1	1
合计		27	12	20	12

2. 彩色茶树伴生科技创新获政府推介　自20世纪90年代，浙江安吉白叶种的出现打破绿叶茶树种一统江山的局面后，浙江余姚黄叶茶品种黄金芽的育成，则掀起了白化茶产业化发展热潮和非绿色茶树种植开发热情。

宁波茶产业科技团队二十

彩色茶叶

---

① 王开荣，2020. 彩色茶树让茶产业前景更美好 [J]. 农业考古 (2)：52.

年来致力于珍稀特异茶树的种植开发、基础研究与应用研究，通过自主研发的创新技术，创造了叶色呈黄色、白色、紫色的众多新种质，实现了从一个茶芽到一片茶园、从一个品种到一类品种、从一色品种到多色品种的飞跃，茶业迎来了彩色茶树种植的新时代[1]。

2021年3月，宁波市农业农村局为切实发挥科技在农业增产、农民增收中的支撑作用，以绿色增产、节本降耗、提质增效、生态环保和质量安全为导向，将彩色茶园生态高效栽培技术作为2021年宁波市农业主导品种主推技术推介发布[2]。由白色、黄色、紫色、红色、复色等叶色特异（非绿色）茶树与常规绿色茶树等多品种搭配后构成的彩色茶园，是以叶色特异茶树为主栽品种，加上林草水路等合理布局，与田间作业机械化应用、茶园病虫绿色安全防控等技术结合，构建成的园相美观、功效多重的复合生态系统，能实现高附值产品、高效率生产、高质量管理和高水准收益，为乡村产业振兴提供强有力的科技支撑。

彩色茶树构成彩化茶园

① 王开荣，2021. 彩色茶树让茶产业前景更美好 [M] // 竺济法. 茶与人类美好生活——2021年"明州茶论"研讨会文集. 北京：中国农业出版社.

② 宁波市农业农村局，2021. 宁波市农业农村局关于推介发布2021年宁波市农业主导品种主推技术的通知 [EB/OL]. http://www.qdqss.cn/html/2021/0322/46642.html.

3. 彩色茶树价值潜能不容轻视 研究表明，彩叶茶树由于光合色素、品质成分等代谢产物的差异以及遗传特征等种质性状的不同形成各种缤纷叶色。叶绿素、类胡萝卜素和花青素含量是影响茶叶颜色最主要的因素。

白色系白化茶（或称白叶茶）品种起步最早，其中白叶1号、黄金芽、御金香是当前推广规模和产业化成效最显著的三个品种。

紫娟是第一个紫化系茶树品种，育成较早，当前紫化系茶树主要集中在宁波，品种（系）有千秋墨、四明紫墨、四明紫霞、虞舜红、金川红妃等，分别呈紫黑色、紫、红、橙等叶色，由于丰富的色素含量，具有高花青素、高茶多酚的品质特点，导致茶叶呈味强烈，令其生态适应性强，呈色季节长。

近几年，认识到花青素是一种强有力的抗氧化剂，它能保护人体免受自由基有害物质的损伤，具有花青素高含量的食物受到人们的追捧，如黑枸杞、蓝莓、紫薯、樱桃番茄、草莓等。一般茶叶中的花青素占干物质含量的0.01%左右，而在紫芽茶中这一含量可达0.5%～1.0%，紫芽茶或紫鹃茶的花青素含量是普通茶叶的50～100倍，其显著的保健功效，使紫化茶的潜在价值不容轻视。

紫化系茶树

六、宁波茶叶供销势头良好

作为经济作物的茶叶，从用来交换的那一刻起，便具有了商品的属性。唐代茶叶的生产发展已经具有一定规模，成为百姓"柴米油盐酱醋茶"不可或缺之物，封建统治者通过各种政策控制茶叶的购销，增加官府收入，巩固其政治地位。但宁波茶叶供销在抗日战争时期跌到了最低谷，新中国成立后，通过政策扶持、提高质量认证，宁波茶叶的供销势头良好，尤其是对外贸易大大增强，使宁波成为名副其实的"茶港"。

（一）宁波历代茶叶购销情况回顾

唐代宁波已建城市，这是一个大型的人类聚居地，具有行政界定的边界，其居民主要从事非农业任务，"市"的基本字义就是集中买卖货物的固定场所。中唐以后，明州的鄞县、慈溪、奉化以及宁海为上县，余姚为紧县，据《唐会要》第86卷《市》记载"若非县之所，不得置市"的规定，说明唐明州的几个州县所在地均可设市，均有资格进行商品交易。又据唐宣宗大中五年（851）颁敕"中县户满三千以上，置市令一人，吏二人。其不满三千户以上者，并不得置市官"的规定，上述几个县规模都有6 000户以上，都可以设市官。虽然尚未有宁波唐朝茶叶交易的文字记录，但从唐代诗人白居易在《琵琶行》中"商人重利轻别离，前月浮梁买茶去"等诗句可知，当时已有专门从事茶叶生意的商人，百姓等用茶可以通过贸易手段来得到。

宋代的饮茶风俗比唐更盛，北宋早期，各类大小茶园生产的茶叶，可以自由买卖，宁波也不例外。

北宋慈溪进士舒亶（1041—1103）曾做过两首茶诗，能反映出宋时茶已作为商品并进行大量种植。其一《和马粹老四明杂诗聊记里俗耳》十首（之一）："莲阁红堪掣，澜池静不流。梯航纷绝徼，冠盖错中州。草市朝朝合，沙城岁岁修。雨前茶更好，半属贾船收。"[①]可知北宋宁波已有茶叶交易，而且商人最喜欢雨前茶；其二《游承天望广德湖》："桃源二月春风起，是处农华有桃李。调笑闻声不见人，游人只在华山里。华山遗客来何迟，隐隐茶林隔烟水。满眼相思寄碧云，独立城南望山嘴。"[②]说明宁波广德湖附近有大量的茶树种植，并已形成茶

---

①② 赵方任，2001. 唐宋茶诗辑注［M］. 北京：中国致公出版社.

林，能隔绝雾霭迷蒙的水面。

但到了北宋熙宁七年（1074），宋神宗颁布了榷茶制，规定各州县茶只能通过各地镇设立的茶场投售，据《宋会要辑稿·食货》记载，宋高宗绍兴三十二年（1162），绍兴府的余姚等8县茶叶产量达192.5吨；明州的慈溪、昌国、定海、象山、奉化、鄞县等县为255.2吨，当时宁波的茶叶产量已十分可观①。

明朝初年，统治阶级强化茶马互市制度，严格茶法，到明朝末年，在商品经济的冲击下，茶叶专卖制度有所松动，清雍正十二年（1734），废止了执行700多年的茶马互市制度，茶叶贸易已全部放开，茶叶市场遍及全国，茶叶贸易形势比以往任何时候都好。宁波作为"中国大运河"和"海上丝绸之路"的节点，通商口岸，更是承担了大量茶叶、茶具输出的重任。到晚清，宁波府所属的鄞县、慈溪、奉化、象山、镇海都产茶，加上内地茶叶（主要为绿茶），也需要通过宁波口岸出口，故而宁波当时已有全国茶叶出口半壁江山之称。

鸦片战争后，宁波的茶叶贸易势头减弱，经过抗日战争，更是跌到谷底。

新中国成立后，为解决茶叶价格低、茶农卖茶难的问题，1949年10月20日，华东区财政经济委员会拟定《茶叶产销计划意见书》，提出设合作社便利茶叶产销等七项恢复措施。

在计划经济时代，茶叶供销基本上由国家实行统一购销为主，禁止私商进入产区收购及外售茶叶。渐渐地出现了茶叶内外销呆滞的现象。

虽然茶叶内销政策偶有调整变化，但是1950年制定的外销优先、内销服从外销的政策一直延续至80年代。

改革开放以后，国务院批转商业部《关于茶叶流通体制改革的报告》，提出从1985年起，全面放开茶叶市场，鼓励多渠道销售茶叶，宁波的茶叶也走上开发名优茶、以品质取胜、走市场化发展的道路。

---

① 《宁波林业志》编纂委员会，2016. 宁波林业志 [M]. 宁波：宁波出版社.

（二）当代宁波成为茶叶外销的"茶港"

由于优越的地理条件，宁波港自古便是处于腹地的浙江、江苏、安徽、江西诸省茶叶、茶具出口的主要港埠，而宁波及周边省份优质的茶叶以及包括越窑青瓷在内的茶具都是极受各国喜爱的珍品，宁波作为海上茶路启航地的地位已被世界公认。随着政策变化，官方和民间贸易在宋代以后变得活跃，至清末《马关条约》签订后的第二年，1895年宁波港出口量已达11 491吨，其中绿茶出口占全国的一半。当代宁波港仍为茶叶出口重埠，茶叶通过宁波港源源不绝输往世界各地，历史之早，时间之长，数量之多，均为世界之最，全盛时宁波港茶叶出口约占全国茶叶出口总量的三分之一，有中国茶叶输出海外半壁江山之誉。

1. 2006年茶叶出口经营权全面放开阶段 据《上海市茶叶学会2007—2008年度论文集》里公布的国家海关统计数，2006年全国共出口茶叶28.67万吨，而从宁波口岸出口的茶叶就达到10.46万吨，占全国茶叶出口总量的36.48%；从出口金额来看，全国出口总金额共计5.47亿美元，宁波口岸出口的金额是2亿美元，占全国茶叶出口总金额的36.56%，浙江宁波口岸的茶叶出口量居全国第一。

据出入境检验检疫局数据，2012年宁波地区生产出口茶叶2.6万吨，出口创汇1.02亿美元，占全国茶叶出口量的8.4%和出口值的9.8%。而据海关统计，至2012年，通过宁波口岸出口的茶叶总量11.8万吨，出口值3.69亿美元，占全国茶叶出口总量的37.6%和出口总值的35.4%，占浙江省茶叶出口量的67.1%和出口值的75.8%，宁波已成为我国茶叶出口的重要港口之一[①]。

---

① 李飞峰，2012. 全国茶叶出口4成通过宁波口岸 年出口近13万吨 [EB/OL]. http://c.360webcache.com/c?m=de3c5d7167575fe2a391c24b5ad81f84&q=2006%E5%B9%B4%E5%AE%81%E6%B3%A2%E5%8F%A3%E5%B2%B8%E5%87%BA%E5%8F%A3%E8%8C%B6%E5%8F%B6&u=http%3A%2F%2Fnews.cnnb.com.cn%2Fsystem%2F2012%2F05%2F14%2F007317105.shtml.

2013年，宁波茶叶出口达2.97万吨，出口总货值达1.23亿美元，同比分别增长14.4%与22.9%，成功走出2012年的低谷，出口总货值已超过2011年1.13亿美元的最高点，创历史新高[①]。其中非洲是宁波茶叶出口的主要市场，宁波茶叶出口非洲达2.52万吨，占总出口量的84.7%。

2. 2013—2016年，我国的农产品出口遭到了绿色贸易壁垒阻碍阶段　2013年，茶叶销量下滑严重。宁波检验检疫局督促宁波所有出口茶厂建立HACCP体系针对性出台"预检"、原料批提前检测等政策，规避贸易风险，强化原料批风险监控，提高出口批监督抽检频次，降低农残项目不合规风险，避免企业招致更大损失。

从2010年12月的这则新闻，《茶叶总产量下降产值增加大宗茶价格创新高》，说明宁波出口茶企抵抗风险能力正在加强：**出口毛茶等大宗茶产量尽管减产，但价格创下近十年来新高，每吨高达7 900元，同比上扬28.1%，全市1.52万吨大宗毛茶产值1.21亿元，同比增长21.6%，一方面，以出口珠茶为主的大宗茶产区近年来大规模缩小，产量减少5%以上；另一方面，由于出口回暖，需求趋旺，带动价格大幅上升[②]。**

近年来，宁波检验检疫局积极推动宁波市相关区域创建出口茶叶质量安全示范区，出口茶叶总体质量稳中有升，但是也存在一些不合格问题，其中农药残留比较突出。为此，检验检疫部门提醒茶叶出口企业，要加强原料基地监管，注意防范土壤中农药残留对茶树的污染。截至今年，全市已有250家茶厂通过改造，达到了食品加工的卫生安全设施要求。今年，奉化曲毫、瀑布仙茗、它山堰等名优茶还走出宁波，在青岛、西安、沈阳、深圳等地开设专营窗口，市场触角开始伸向全国大型茶叶消费集散中心。

---

　① 殷聪，毛唯君，唐巅，2014. 去年宁波茶叶出口走出低谷创历史新高 共出口茶叶2.97万吨 [EB/OL]. http://news.cnnb.com.cn/system/2014/01/07/007955183.shtml.

　② 孙吉晶，2010. 茶叶总产量下降产值增加 大宗茶价格创新高 [EB/OL]. http://news.cnnb.com.cn/system/2010/12/07/006771108.shtml.

2017年，浙江宁波地区出口"一带一路"沿线国家茶叶共
4 757.91吨、1 661.01万美元，同比分别增长22.9%和83.7%，平
均单价为3 491.05美元/吨，同比上升49.5%，其中绿茶4 584.21
吨、1 123.88万美元，均价2 451.63美元/吨，同比分别上升18.8%、
25.7%和5.8%；花茶23.70吨、17.12万美元，均价7 225.09美元/吨，
同比分别上升81.7%、74.5%和下降5.6%；红茶150.00吨、520.01万
美元，均价34 667.33美元/吨，为新出口品种[1]。

结合上述数据进行测算，得出2012—2017年宁波市茶叶出口呈现
区间波动态势，2013—2016年受绿色贸易壁垒影响，为下行区间，2017
年开始出现拐点，当年红茶首次输往"一带一路"沿线国家，也标志着
宁波茶叶产业不断转型升级，国际竞争力和产品附加值不断提高[2]。

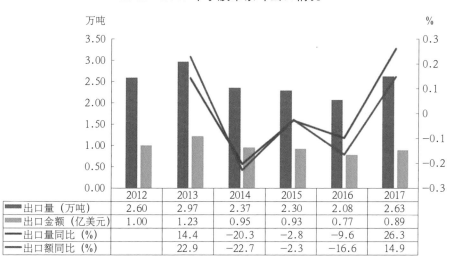

2012—2017年宁波市茶叶出口情况[3]

	2012	2013	2014	2015	2016	2017
出口量（万吨）	2.60	2.97	2.37	2.30	2.08	2.63
出口金额（亿美元）	1.00	1.23	0.95	0.93	0.77	0.89
出口量同比（%）		14.4	−20.3	−2.8	−9.6	26.3
出口额同比（%）		22.9	−22.7	−2.3	−16.6	14.9

2018年，宁波茶叶出口2.67万吨、9 711.9万美元，同比分别增长

①② 水方子,2018.2017年度宁波口岸出口茶叶超4 700吨 [EB/OL].https://www.
puercn.com/chayenews/cyzx/128298.html.

③ 蔡志濠, 2019. 2012—2017年宁波市茶叶出口情况 [EB/OL]. https://www.
qianzhan.com/wenda/detail/190410-c6ec8b0f.html.

1.7%、9.1%，为2014年以来出口最佳年份，2019年1—2月，宁波茶叶已经出口3 437吨、1 263万美元，并连续3年实现农残问题零退运零通报。

宁波茶叶不仅是宁波市传统的出口农产品，宁波港还是全国茶叶出口的主要港口，"甬为茶港"名副其实。

（三）宁波茶叶市场呈四方称雄之势

宁波最早的专业茶叶市场是二号桥市场，随着改革开放的深入和市场经济的培育，宁波茶叶市场方兴未艾，如今逐步形成四家各具特色的集销售、体验于一体的现代化茶城，为当代宁波茶叶流通注入了新的活力。

（1）早在20世纪80年代，位于鄞州区宁穿路200号的宁波二号桥市场就出现了一些茶叶批发零售店铺，90年代中期，二号桥市场建筑面积已达38 000平方米，是当时浙东及省内外知名度高、交易量大、辐射面广的大型综合市场之一。市场分南北两区，三幢互联。北区一楼当时作为宁波市唯一的茶叶市场，经销省内外各类名优茶。如今竞争力已大不如前。

（2）2008年9月，以生产酱油、米醋为主的金钟公司，将位于江南路的原生产车间改造为"金钟茶城"，专业生产茶叶、茶具等。经过十余年的积累，已成为浙江省宁波市乃至全国范围内规模较大、知名度较高的专业茶城。2019年10月28日，金钟茶城新址落成，现拥有250家商铺、3万多平方米建筑面积、5 000平方米中心广场、600个车位，由3幢三层呈环状分布的独立商业楼组成，将江南园林风格融合其间，一、二楼经营茶叶、茶具；三楼以经营古玩文玩、红木茶具、家具以及国外茶饮、咖啡、培训等相关业态。

（3）2018年11月，宁波联盛茶城在鄞州中心区开业，这座拥有3万平方米经营面积的茶城，当时是宁波有史以来规模最大的茶叶产业综合体，是由曾红极一时的联盛广场B区升级成为购物中心式的新一代茶城。

（4）2019年4月28日，位于鄞州区嵩江路上的嵩江茶城开业。该茶城由一幢工业建筑改建而成，建筑总面积约1.6万平方米，商铺120个，地面停车位400余个，是集茶叶、茶具、参茸、花卉绿植、观赏鱼批发零售等于一体的专业市场。

（5）2020年4月1日，海曙区环城西路以北的一座茶城也开业了，名为天茂36茶院，一期占地30亩，总建筑面积达1.8万平方米，是集茶叶、茶具、茶叶包装、古物、玉器、香批发零售、茶文化推广、茶业产业、艺术人才培养于一体的大型综合性茶城。

自此，宁波除了茶行和品牌专卖店，大规模的茶叶市场形成了四方争雄的势态。

第三节　宁波茶文化兴起助力茶产业发展

一、成立宁波茶文化促进会

新中国成立后，宁波茶业的发展一直受到市委、市政府各级领导的重视，张蔚文市长和徐杏先副市长在任期间，曾专门就茶产业、茶文化发展作出部署，并出台了一系列扶持政策，根据市领导"以发展文化产业的高度提升茶业发展层次，促进茶业发展"的指示精神，2003年8月20日正式成立了宁波茶文化促进会，由原中共宁波市委常委、副市长，市人大常委会副主任徐杏先任会长，组成人员有热心茶文化事业的领导干部、文化名人、科技人员和茶业经营、茶业生产代表，下属组织有宁波茶文化博物院、宁波茶叶流通专业委员会、宁波茶文化书画院、宁波白茶研究会等。几年来，宁波茶文化促进会在创会会长徐杏先和现任会长郭正伟的带领下，联络国内外茶文化机构，组织茶文化研究项目，开展茶产业服务，以文化为翅膀，助力茶经济腾飞，提升宁波名茶地位。茶促会主要成果有发起并协办"中国绿茶杯"（简称"中绿杯"）名优茶评比，至2020年已举办十届；至2018年已协办九届宁波国际茶文化节；2008—2021年，已连续主办十三届"明州茶论"研讨会；设立四处茶事碑；连续出版会刊《茶韵》《海上茶路》《茶经印谱》等20多种茶文化和艺术类书籍。

二、宁波茶文化活动成绩斐然

（一）协办宁波国际茶文化节发起名优茶评比活动

宁波茶文化促进会把弘扬茶文化和发展茶经济有机地结合起来，广泛联系一批文化人和科技工作者、茶叶生产企业、流通单位，积极开展茶文化活动，从而改变了就茶叶抓茶叶的局面。

全力协办国际茶文化节、宁波国际茶博会等，开展茶产业服务。至2021年已连续承办了十五届中国宁波国际茶文化节，全程参与"中绿杯"中国名优绿茶评比活动，该活动是宁波市政府与中国茶叶流通协会、中国茶叶学会、中国国际茶文化研究会、浙江省农业农村厅联合举办的，已连续开展十届，参评茶企数量每届递增，其中2020年第十届进行的评比活动，吸引了全国546个茶样参与，评出特别金奖83个，金奖121个，为历届之最，说明得到了全国茶企业和市场的充分认可。"中绿杯"已经成为国内绿茶评比最高规格的活动，促进了包括宁波在内的全国绿茶创优水平，据权威专家介绍，目前宁波市绿茶品质已经达到全国一流水平。

协助宁波市林业局举办宁波市名优茶评比活动，承办茶艺项职业技能竞赛，协助做好茶艺师培训工作等，对提升茶产业层次具有积极意义。

第十届"中绿杯"名优绿茶质量推选活动宁波会场现场

(二) 成立宁波东亚茶文化研究中心举办论坛研讨

2006年4月，第三届宁波国际茶文化节期间，首届海上茶路国际论坛举行。出席会议的国内外茶文化专家学者通过论证表决，确认宁波三江口就是中国海上茶路启航地。

鉴于古今宁波茶文化在东亚地区的重要地位，2008年4月，在第四届宁波国际茶文化节期间，隆重举行宁波东亚茶文化研究中心成立仪式暨第二届海上茶路国际论坛，聘请了包括日本、韩国、马来西亚，以及我国台湾、香港、澳门在内的海内外50多位专家、学者为荣誉研究员和特约研究员。

宁波东亚茶文化研究中心成立后，联络国内外茶文化机构，组织茶文化研究项目，此后在每年的茶文化节上举办论坛，自2008年以来，主办"明州茶论"研讨会，并编辑出版研讨会文集。至2021年已连续举办十三届，进行过12个主题的研讨；确认宁波"海上茶路"启航地和宁波"海上茶路·甬为茶港"的地位；多角度研讨"一带一路"与茶文化的关系、宁波与茶禅东传的缘分、科学饮茶益身心等论题；从2012年开始将论坛命名为"明州茶论"，从偏重茶文化研究改为文化与产业并重，主题涉及茶产业品牌整合与品牌文化的研讨、茶产业转型升级与科技兴茶的研究，另外还有对影响中国茶文化史之宁波茶事、新时代宁波茶文化传承与创新、"茶庄园""茶旅游"暨宁波茶史茶事、宁波茶器两张金名片越窑青瓷与玉成窑的研讨。2021年5月29日，来自全国各地的茶文化专家、学者、重点茶叶生产企业负责人相聚宁波天一阁·月湖景区，参加"明州茶论·茶与人类美好生活"研讨会，中国工程院院士、中国农业科学院茶叶研究

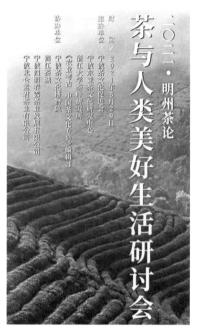

"明州茶论·茶与人类美好生活"研讨会海报

所研究员、博士生导师陈宗懋以《茶让世界更美好，让人类更健康》为主题，做主旨演讲。

陈宗懋院士做主旨演讲

（三）为茶文化遗址立茶事碑

1. 海上茶路启航地纪事碑　2007—2013年，通过宁波茶文化促进会、宁波东亚茶文化研究中心召开"海上茶路·甬为茶港"的国际研讨会，确定了宁波就是海上茶路启航地的这一历史事实，"海上茶路启航地纪事碑"主题景观于2009年5月21日在古明州码头遗址，今三江口江厦公园内落成，碑文由宁波市人民政府落款，碑文摘录如下。

"茶为国饮，发乎神农；甬上茶事，源远流长……茶输海外，绵绵不绝；起碇江厦，史论凿凿。唐有日僧最澄之移种……并茶而行者，有越窑青瓷茶具……茶之为体，色香味形；茶之蕴涵，德道习法……欧美共仪，万国同赏。以此观江厦古码头，盖为海上茶路启航地，于世界茶事重矣，于海上丝路重矣，于宁波历史重矣。"

"海上茶路启航地纪事碑"主题景观由一座主碑、四座副碑、一座茶形船体和一组船螺栓组成，占地面积为6 000多平方米。茶形的船体寓意一叶扁舟，船栓群象征着昔日码头桅樯林立、千帆竞渡的

"海上茶路启航地纪事碑"主题景观

热闹景象，表达了宁波从诞生到繁荣的历史进程中的时代变迁和万象更新。"海上茶路启航地纪事碑"主碑系宁波籍书法大师沙孟海手书集字，副碑记录了宁波的茶史茶事。主题景观已经成为中外游客，尤其是茶文化与历史爱好者喜爱的特色风景。

2. 宁海茶山茶事碑　2008年4月，由宁波茶文化促进会牵头，经

专家论证，宁海丰富的山体资源，造就了悠久的产茶历史，为见证宁海宋代名茶"茶山茶"到今日"望海茶"的千年历史，宁波市人民政府决定在宁海县茶山立"茶事碑"以示纪念，同时配套建造碑亭，取名"望海亭"①。

3. 余姚大岚茶事碑　地处四明山的浙江省余姚市大岚和宁海茶山茶是宁波首批建立的两处茶文化遗址碑。2007年宁波茶文化促进会聘请专家论证，宁波茶文化底蕴丰厚，而仅四明山中从丹丘子饮茶成仙的神话到记录于《神异记》中的文字依据，再到陆羽《茶经》，都指出四明山上产茶为上品，位于余姚江源头且有"中国高山云雾茶之乡"美誉的大岚是茶文化遗址的代表，碑铭所述茶事，历史上有明确记载，社会上有深远影响。2008年宁波市人民政府建立大岚茶事碑有利于进一步开发、保护和利用茶文化资源，对发展茶业有促进作用。

4. 余姚瀑布泉岭古茶树碑　2008年11月，中国国际茶文化研究会、宁波茶文化促进会和余姚市茶文化促进会在河姆渡举办"中国绿茶探源暨余姚瀑布仙茗研讨会"，并实地考察了余姚瀑布岭的原始古茶树，专家认为余姚市梁弄镇道士山有极佳的生态环境，使这两棵古茶树繁衍至今，印证了瀑布泉岭地处白水冲大瀑布之上，是瀑布仙茗的原产地，该地也是有文字记载浙江出产绿茶最早的地方。2009年5月建立了古茶树碑，道士山50亩茶山范围也被划定为瀑布

专家考察余姚瀑布岭的原始古茶树

① 佚名，2008. 茶香千年韵悠悠——浙江宁海茶山茶事碑纪事 [J]. 茶叶世界 (1)：27.

仙茗古茶树保护区，有利于提高瀑布仙茗的地位，促进浙江绿茶品牌的发展。

余姚梁弄镇瀑布泉岭道士山的古茶树碑举行揭碑仪式

（四）推动宁波各地成立基层茶文化促进会

为从各个层面上挖掘本地区茶文化历史和资源，丰富宁波茶文化内涵，在宁波茶文化促进会的推动下，根据成熟一个成立一个的原则，至2021年6月，已有余姚、宁海、奉化、象山、慈溪、北仑、海曙、鄞州8个县（市）区相继成立基层茶文化促进会，余姚市梁弄镇还成立了全国第一个乡镇级茶文化机构——余姚茶文化促进会梁弄分会。

这些基层组织有效地促进了当地茶文化活动的开展，为本区域的茶品牌建设、茶产业发展和茶文化宣传提供帮助和决策依据。

（五）下设分会将茶叶的生产、贸易、文化进行有机融合

宁波茶文化促进会下设茶叶流通专业分会、茶产业专业分会、白茶合作社、茶文化书画院、茶文化博物院等，进行茶文化相关的研究推广、学术交流及培训，并在每年的茶文化节和其他重大活动时期，

开展书画展览、文艺演出、茶道演艺以及各种形式的茶促销活动和互动体验等，从各自专业的角度深化宁波茶文化的研究和宣传。

宁波茶文化博物院

（六）多渠道进行宁波茶文化的宣传

2004年起，宁波茶文化促进会连续出版会刊《茶韵》，2017年6月，为了加强宣传宁波海上茶路启航地的地位，刊物更名为《海上茶路》，至2021年已出版57期；另有出版专（编）著《茶文化小常识与宁波茶史茶事》《宁波八大名茶》《宁波茶文化之最连环画》《千字文印谱》《道德经印谱》，还有《唐诗八十首印谱》《礼记选句印谱》以及《宁波茶文化书画院成立六周年画师作品集》等多种艺术类书籍；通过编印分发《科学饮茶有益健康科普》小册子、《中华茶文化少儿读本》等，结合茶文化"进机关、进乡镇、进社区、进企业、进学校"的"五进"工作，助力茶业经济发展、弘扬茶文化、普及茶知识，引导社会各界更多参与茶与经济、茶与文化、茶与旅游、茶与健康活动，提高文化素养，促进精神文明建设，使传统的茶文化在新时期焕发新的生机与活力。

《茶韵》

《海上茶路》

三、饮茶悟道推广茶艺

现代社会的生活节奏越来越快，人们总是疲于应付各种各样的事件，烦恼、压力与日俱增。近年来，禅修、茶道等传统的解压方式，逐渐兴起，为快节奏的现代生活带来了一丝清风。

茶道是在一定的环境下所进行的茶事活动，旨在通过环境来陶冶、净化人的心灵，禅宗因为主张圆通，能与其他中国传统文化相协调，故而能迅猛发展，由于坐禅需要，与茶结下不解之缘，通过茶事活动来怡情修性悟道体道。至今兴起的"茶禅一味"的佛家茶理是饮茶之道和饮茶修道统一的表现。

从唐时起，宁波便已经是茶禅东传的窗口，宋时茶禅文化交流更深，作为中国茶禅文化的重要发源地之一，宁波对"日本茶道"和"韩国茶礼"产生的影响是重大的。

（一）宁波茶禅文化再兴起

宁波地区历来被誉为"东南佛国"，新中国成立后，宁波的寺庙得到了人民政府保护，僧众殿堂功课、参禅修持均不废古规，同时还发扬"农禅并重"的优良传统，参加农业生产劳动。"文化大革命"开始后不久，寺院均遭到破坏，移作他用。1979年后，天童寺、七塔寺等各寺庙才逐渐进行修复，古寺重辉，法炬复燃，晨钟暮鼓，诵经礼佛，参究禅理的宗教活动又可以如法如律地进行。

随着茶文化的兴起，2010年第五届国际茶文化节暨第五届世界禅茶文化交流大会在宁波举办，七塔寺圆通宝殿前，茶桌方置，宾客云集，七塔寺的法师首先列队登台，献茶供佛，以茶礼佛表虔敬之心，台湾著名禅者、音乐家、文化评论人林谷芳先生领衔的表演团队忘乐小集，给在场茶客带来一场"茶与乐的对话"，以三道茶，呼应三部分气质不同的音乐[①]。这是首次以"禅·茶·乐"形式在七塔禅寺举办的茶会，可祥法师说："这是七塔寺建寺1 152年以来，第一次举行这么盛大的茶会。"茶道禅道进行了尽情交流。《第五届世界禅茶文化交流会碑记》记录了这一盛况："国际茶人、高僧、学者云集宁波千年古刹七塔报恩禅寺。报恩常住于伽蓝内，特设两场'海上禅·茶·乐'对话专座，月色溶溶，檀香袅袅，丝竹隐隐，赏茶艺，品禅茶，论茶道，广交流，实为国际禅茶界之幸事也。"[②]2014年第七届中国宁波国际茶文化节，在宁海广德寺举办了"禅·茶·乐"茶会。天童禅寺在2015年和2016年"以茶参禅，以禅品茶"每年两次承办了茶禅交流活动。

2018年第九届中国宁波国际茶文化节"海上禅·茶·乐"茶会在位于青林渡畔的江北宝庆寺举办，宝庆寺始建于北宋端拱二年（989），

---

① 张昊，李飞峰，杜文博，2010. 世界禅茶文化交流会昨日首次走进宁波 以茶显乐 以乐映茶 [EB/OL]. http://news.cnnb.com.cn/system/2010/04/25/006501515.shtml.

② 宁波茶文化促进会，宁波七塔禅寺，竺济法，2010. 茶禅东传宁波缘——第五届世界禅茶交流大会文集 [M]. 北京：中国农业出版社.

南宋寺庙扩建，宋宁宗赐名"宝庆讲寺"，并请三朝元老、一代大儒、礼部尚书王应麟撰《宝庆讲寺记》。茶会以"青林问禅"为主题，利用现代声光电科技和细腻柔美的表演结合，并首次推出香道《盛世留香》的演绎，将茶禅活动带入一个新境界。

2020年11月，雪窦山弥勒文化节的"夜游雪窦禅境，体验禅意生活"启动，华灯初上，古镇溢彩流光，游客三五成群走进夜色中的雪窦禅寺，几杯清茶，围桌而坐，雪窦山的文化、传承、历史与发展一一被分享出来。茶禅一味，同时体验禅意生活[①]。

日本道元禅师得法灵迹碑

雪窦寺，全称雪窦资圣禅寺，历代驻锡高僧诸多，资料可查的有茶事记录的高僧就有四位，雪窦山僧人在寺院以茶参禅仪轨中寻觅到一种宁静以获得一种开悟与觉醒，同时也更加推动了雪窦山茶禅文化的发展。

2020年11月，天童禅寺举行上供仪式，纪念"日本道元禅师得法

---

① 奉化雪窦山，2020. 雪窦山弥勒文化节｜三天夜游雪窦禅境 体验禅意生活 系首次向公众免费开放 [EB/OL]. https://www.ichanfeng.com/2020/11/13/40156.html.

灵迹碑"落成四十周年。1980年11月17日，中日双方在天童寺内树立"日本道元禅师得法灵迹碑"，日本曹洞宗开山祖希玄道元禅师，入宋求法的同时也传播了茶文化，他归国后制订的《永平清规》就有寺院茶礼和茶事规范。其"默照禅"的禅风倡导僧俗以茶会友、品茶问禅。

天童禅寺举行上供仪式

（二）茶艺推广渐受重视

茶道是茶艺与精神的结合，通过品茶活动展示特定的礼节和精神思想。茶艺是茶道的基础和载体，但也可以作为一种艺术独立于茶道而单独进行舞台表演。

宁波茶文化促进会自成立以来，一直注重茶文化的普及，推广茶道茶艺。从第三届宁波国际茶文化节开始，举办茶艺大赛，参加的队伍由宁波市街道、社区、学校、茶馆和茶楼、茶叶公司等单位组织选送，如"华茗苑杯"宁波首届茶艺大赛，获得团体赛状元的是宁海连福茶艺馆，榜眼是宁海望海茶业发展有限公司，江东富源茶业公司和宁波大红鹰技术学院成为探花。此外，高菲等5人获得茶美人称号，邬明明等3人成为茶博士。此后每届中国宁波国际茶文化节，茶艺大赛都是重要的组成环节。

为进一步营造茶文化氛围、展示茶艺创新，在2018年宁波国际茶文化节举办之际，第七届宁波茶艺大赛暨"海曙杯"首届中国家庭茶艺大赛也拉开了帷幕，通过茶席布置、解说、茶艺表演的激烈角逐和每位选手通过不同的主题设计，在举手投足间诠释自己对茶的理解，都传递出中国传统茶文化之美。

"海曙杯"首届中国家庭茶艺大赛

1999年，劳动部在《中华人民共和国职业分类大典》中正式将"茶艺师"列为1 800种职业之一，并制定了《茶艺师国家职业标准》。茶艺师是一个温暖而有品位的职业，是茶文化的传播者和茶叶流通的"加速器"，如今茶艺师职业渐渐受到重视。

由共青团宁波市委、宁波市林业局主办，宁波广电集团团委、共青团宁海县委、桑洲镇政府、县茶促会共同承办的"行行出状元"2018年宁波市青年职业技能大赛启动仪式暨宁波市青年茶艺技能比武大赛在宁海桑洲镇南山广场举行，本次大赛结合乡村振兴战略，将青年人才培养的关注点和着力点拓展到乡村，首次将技能比武项目延伸到农业农技领域，把青年茶艺作为系列赛事的首赛。

在宁波市工会系统50项职业技能精英赛中，茶艺技能比赛也位列其中，充分说明宁波市政府对茶艺技能的重视。通过搭建竞赛的舞台，让更多的茶艺行业从业人员技能得到提升，促进整个行业健康发展。

2021年6月，宁波市职工茶艺技能精英赛选手围绕建党百年主题，带着精心编排的茶艺节目进行决赛，作为职业技能精英赛之一，获得第一名的选手被授予宁波市首席工人的称号，第二、三名给予宁波市技术能手的称号。

2021宁波市职工茶艺技能精英赛

四、回味茶俗意蕴悠长

茶俗是我国民间风俗的一种，以茶事活动为中心，是中华民族传统文化的积淀，有较明显的地域特征和民族特征。宁波茶俗历史悠久且个性鲜明，主要体现在日常生活中的三个方面：待客、祭祀和嫁娶。

（一）以茶待客表达敬意

自唐代以来，用茶招待客人在中国已成为一种流行。如果要表达礼敬长辈，那么给长辈敬茶就是第一步。在物质富裕的今天，用香茶招待客人，不管客人多么高贵，都不会失礼。

宁波人饮茶以绿茶为主，有客来访"请吃茶"，一般就是用开水直接冲泡放入的茶叶。如客人只喝不放茶叶的白开水，则称为"吃淡茶"，那放入茶叶的茶水称为"茶叶茶"。新春时节，为表达喜庆吉祥的气氛，一般沏茶时在杯中泡入青皮橄榄或金橘1～2颗称"元宝茶"，以讨彩头；有的以桂圆汤、莲子汤代茶，招待客人。

元宝茶

客人来到家中，主人如果敬茶，以斟七分为敬，不宜过满。因为茶是热的，过满会造成客人之手被烫，甚至会因受烫致茶杯掉地，给客人造成难堪，所以"茶七酒八"是待客礼俗的一种。

品茗之际，一般还会备有茶食。古代对茶食则有更多讲究，屠隆《茶笺》专列《择果》一节：茶有真香，有佳味，有正色，烹点之际，不宜以珍果、香草夺之。夺其香者，松子、柑、橙、木香、梅花、茉莉、蔷薇、木樨之类是也。夺其味者，番桃、杨梅之类是也。凡饮佳茶，去果方觉清绝，杂之则无辨矣，若必曰所宜，核桃、榛子、杏仁、榄仁、菱米、栗子、鸡豆、银杏、新笋、莲肉之类精制或可用也[①]。至清代，民间把点心都称茶食。清茹敦和《越言释》卷上记：古者茶必有点，无论其砲茶（抹茶）为撮泡茶，必择一二佳果点之，谓之点茶，

① 徐海荣，2000. 中国茶事大典 [M]. 北京：华夏出版社.

点茶者，必于茶器正中处，故又谓之点心，此极是煞风景事，然里俗以此为恭敬，断不可少①。

当代宁波的茶食点心花色众多，品类口味各异，有糕、酥、饼、片、糖等，其中著名的有陆埠豆酥糖、三北藕丝糖、苔生片、水绿豆糕、楼茂记香干、溪口千层饼、海棠糕、龙凤金团等。陆埠豆酥糖是正宗的宁式茶食，产于清光绪年间（1875—1908）。用黄豆与白糖、饴糖等精制而成，特点是香、甜、松。水绿豆糕用绿豆沙、糯米粉加麻油、白糖制成，以模子成筒形，油甜不腻。金团是用水磨糯米粉蒸熟后，嵌豆沙或芝麻白糖馅，放入雕花模子中成饼形，滚以松花，可冷食②。

奉化溪口千层饼

陆埠豆酥糖

（二）祭祀用茶历史悠久

宁波人用茶为供品祭祀历史悠久，早在《神异记》里道士王浮所作的神异故事集中的"虞洪遇丹丘子获大茗"的故事就有"余姚人虞

---

① 林清玄，2018. 从容是一辈子的事 [M]. 北京：九州出版社.
② 周时奋，2008. 宁波老俗 [M]. 宁波：宁波出版社.

洪，入山采茗"，道士对他说："山中有大茗，可以相给，祈子他日有瓯牺之余，乞相遗也。"虞洪就用茶来祭祀，后来经常叫家人进山，果然采到大茶。这应该就是宁波最早的用茶祭祀的记载。

用茶祭天祀祖，在我国由来已久，有文字明确记载的，可追溯到两晋南北朝时期。梁萧子显的《南齐书》中谈到：南朝时，齐世祖武皇帝在他的遗诏里有"我灵座上，慎勿以牲为祭，但设饼果、茶饮、干饭、酒脯而已"的记载①。

宁波习俗重祭祀，祭祀活动包括祭祖、祭神、祭仙、祭佛等。但宁波的祭祀习俗又有自己的特色，那就是"三茶六酒"②。

在供奉神灵、祭祀祖先时，祭桌上除鸡、鸭、鱼、肉等食品外，宁波人还习惯供奉瓜果、点心和茶水、黄酒，置杯九个，其中三杯茶、六杯酒，谓之"三茶六酒"。据称九是奇数之终，它代表多数，以此表示隆重和丰盛③。"三茶"是因为考虑到"饮茶以客少为贵"，"品茶，一人得神，二人得趣，三人得味，七八人是名施茶"，所以"三茶"刚好；至于"六酒"则是表达六人共举杯的热烈气氛。

宁波百姓家庭祭祀

① 谷昆，1990. 茶与祭祀 [J]. 中国茶叶（5）：34.
② 张哲永，陈金林，顾炳权，1991. 中国茶酒辞典 [M]. 长沙：湖南出版社.
③ 陈宗懋，杨亚军，2013. 中国茶叶词典 [M]. 上海：上海文化出版社.

除了平时供奉茶水、茶点在神像佛龛或者祖宗牌位外，在宁波人的习俗中，每逢农历过年、清明和七月半等，家里都要祭祖、做羹饭，羹饭的祭祀对象并不特定到某个人，而是家庭的所有祖先。

这些特定的供品和有专门指定菜式的羹饭供神仙或祖宗享用后是可以分享食用的，一般认为食用这些供奉过的物品和茶水能祛病、消灾和保平安。

（三）婚嫁茶礼寓意美好

在婚礼中用茶为礼的风俗，源于宋代。因为古代种植茶叶都是采用播撒茶籽的方法，而不是移植茶树，故而明代许次纾在《茶流考本》中记载"茶不移本，植必生子"，明代郎瑛所著的《七修类稿》中也有如下记载：种茶下子，不可移植，移植则不复生也，故女子受聘，谓之吃茶。上述文字都表示茶树只能以种子萌芽成株，而不能移植，于是历代都将茶视为"至性不移"的象征；又因为茶树有许多种子，可以象征后代的"绵延繁盛"，所以民间男女订婚以茶作为礼物，是希望未来可以"多子多福"；最后用茶作为聘礼，还含有爱情"常青"，祝福新人相敬如宾、白头偕老的寓意。

中华民族乃礼仪之邦，礼仪制度是中国传统文化的显著标志。传世文献《仪礼·士昏礼》中就有结婚须有"三茶六礼"的规定：三茶，由订婚时的"下茶"、结婚时的"定茶"和同房时喝过的"合茶"组成；六礼，是贯穿整个结婚过程的，从求婚至完婚的六种仪式，包括纳采、问名、纳吉、纳征、请期、亲迎六个步骤。男女如果没有完成这"三茶六礼"的过程，便不会被承认是明媒正娶的正式婚姻。

到了新社会，去除了古代的繁文缛节，新人们对婚礼中营造浓郁的喜庆气氛更为用心，也更追求个性，但无论如何标新立异，婚礼中的一项传统内容必不可少，那就是"敬茶"。

与平时喝茶不同，婚礼敬茶，又称"新娘子茶"，还会加入一些"必备"材料，如红枣、莲子，红枣寓意鸿运当头、早生贵子，莲子寓意喜结连理。在婚礼上向父母敬茶，也可称作改口茶。公婆饮毕，要给新娘红包，接着向族中长辈敬茶，敬茶毕，新娘即用双手端茶盘承接茶盏，长辈饮完茶，要随着放回杯子的同时，在新娘托盘中放置"红包"，称"见面钱"，以示祝贺。

一直以来，女子出嫁时都会看重花轿，因为对于不惜耗费大量时间和金钱制造出来的花轿，已经不单是给结婚添喜庆，更多的是身份和地位的象征。

新娘子茶

宁波的女子出嫁时待遇极高，婚嫁时新娘可以穿戴凤冠霞帔，享半副銮驾、半副凤仪的特殊待遇，这种习俗一直沿用千年。据传因为宋时小康王赵构（即后来的宋高宗）逃至宁波，被一姑娘所救，为报恩，宋高宗特下了一道圣旨"浙江女子尽封王"，今后凡是宁波出嫁的姑娘，乘坐的花轿可享受皇后所坐銮驾的一半规格。现存花轿以宁波万工轿为最豪华代表。

迎亲之日，花轿出门，要以净茶、四色糕点供"轿神"；起轿时，女家放鞭炮，并用茶叶、米粒撒轿顶；花轿进门，如若拜堂的时辰未到，新娘仍坐在花轿里，则由喜娘向轿内的新娘献茶[①]。

宁波人非常重视闺女出嫁，都竭

宁波万工轿

---

① 胡剑辉，2016. 问茶明州 [M]．北京：中国文化出版社．

尽所能为女儿准备嫁妆，认为嫁妆越丰厚，新娘以后在夫家的家庭地位就会越高。男方会派一些精干的小伙子去女方家，把新娘子的嫁妆或挑或抬搬到新房，就是所谓的"抬嫁妆"。

此时，女方已将嫁妆陈列在院子或厅堂内，让左邻右舍观赏。器皿用红色的色线捆住，衣服用檀香熏过，数块银圆放在箱底，称"压箱钱"。嫁妆包括箱、柜、桌、椅等样样齐全，其中与茶有关的有茶壶桶：古代没有保温瓶，把瓷壶或砂壶放在茶桶内，塞上棉花或羽毛保温，茶壶嘴露在外面，可以倒茶水；还有茶道桶：泡茶时，第一道茶水要倒掉，茶道桶正是洗茶的用具，隔栏内外各有三个底圈，可以放茶杯，茶水盛在桶里①。

茶壶桶

茶道桶

嫁妆崇尚红色，依据女方经济条件不同，多少不一，多的抬嫁妆队伍可绵延数里长②，故而有"十里红妆"之称，在宁海十里红妆博物馆馆长何晓道所写的《十里红妆女儿梦》中有一张当代"抬嫁妆"的彩色照片，男方派来的精壮小伙，个个脸上洋溢着幸福的笑意，用扁担或挑或抬，将用红绳捆绑在一起的箱子、被子等嫁妆，挑出门或抬

①② 何晓道，2008. 十里红妆女儿梦 [M]. 北京：中华书局.

上车。到了21世纪，迎娶新娘多用鲜花装饰的豪华轿车，结婚仪式为穿婚纱礼服、拍成套结婚照等，摒弃了抬嫁妆等习俗。

抬嫁妆

五、茶馆茶亭扬茶风

茶馆茶亭就是为人们提供饮茶、憩息、休闲的场所，古时候称茶肆、茶楼，现在也称茶室、茶园等，这是茶馆茶亭最初的功能，也是最基本的功能。随着社会变迁、经济和文化的发展，茶馆的功能也发生一些变化，除了为其他经济活动提供场所外，还增添了信息传播以及调解纠纷之功能；而茶亭除了为城乡人民提供休息和社会交往的公共空间，更多的是赋予了回馈社会、造福乡邻的慈善之义。

（一）宁波茶馆复兴发展

茶馆是中国社会发展历史过程中出现的一种较为独特的经济文化现象。宁波茶馆的建立是饮茶日益普及的唐宋时代以后的事，但是清代之前的文献资料里有明确记载的并不多。

清道光二十二年（1842），宁波开埠，成为茶叶外销的重要口岸，此时据《晚清生活史话》描述：在晚清中国，只要是可称为人烟稠密之所，就必定开设有各种大小茶馆，这一时期开设茶馆特别多的省份，大概要算江苏和浙江，在浙江省的宁波、杭州、湖州、嘉兴、绍兴，都有为数众多的茶馆……通商口岸宁波多有"宏大美丽"的茶馆[①]。

晚清的茶馆适合社会各个阶层品茶消遣，因为相对酒肆来说，饮茶价格低廉，农人市民、贩夫走卒都有能力到这里闲谈娱乐、饮茶品茗，甚至可以作为解决纠纷的地方，请众人评判，俗称"吃讲茶"，具有极强的威慑力，同时避免了"衙门朝南八字开，有理无钱莫进来"的尴尬。

茶馆遍布大街小巷，随处可见。为了招引茶客，茶馆也各自有自己的经营方法，其中与说唱艺人合作是最有效的方法之一，就如《申报》记述："若正初，则诸剧皆备。有出色者，茶馆主必争先罗致。"所以宁波的茶馆很多是与说书场、戏院合在一起的，这点从宁波甬剧的发展中也能得到佐证：1820年前后，甬剧的前身"唱新闻"的专业艺人"串客班"，除在庙会、赌场演出外，还主动到各村镇营业性演出，再后来便进城到宁波各个茶馆流动演出。1891年，上海有两个茶馆老板马德芳和王章才，他们知道"串客班"演的滩簧戏颇受群众欢迎，便将邬拾来串客班包括杜通尧、李阿集、黄阿元等人叫到上海去演出。第一个场子在法租界小东门凤凰台、白鹤台演出，从此串客班有了全职业性的班子，并被称为"宁波滩簧"[②]。随着戏曲节目在茶馆中演出的兴盛，茶客到茶馆主要追求的就是看戏时的精神享受，喝茶反而成了一种点缀，有的戏园子干脆改称茶园。

民国时期市区茶楼茶馆：江北一带有四明岳阳楼、淮海澄清楼、兰江茶园、汇芳楼、福茶轩、中华轩、渭泉楼、北同春楼等；江东一带有一笑楼、滨江楼、慎记茶楼等；城里有旭日东升楼、来商得意楼、

① 焦润明，2017. 晚清生活史话 [M]. 沈阳：东北大学出版社.
② 李微，2017. 宁波甬剧及其音乐的演变 [M]. 北京：中国戏剧出版社.

天下第一楼、南同春楼、七星茶楼等。各县县城所在地和较大集镇也有茶坊书场，如鄞县鄞江桥的得意楼，镇海城里的关圣殿书场，慈溪的观城书场、庵东书场、周巷书场等，余姚城区的维乐园、得意楼等①。

现在北京和平门外的正乙祠茶园，由宁波人创建于康熙六年 (1667)。逢年过节，旅京宁波籍人士相聚正乙祠，先三茶六酒拜神祭祖，然后联谊茶叙，喝茶看戏，1995年又有宁波籍企业家王宇鸣投资重修正乙祠②。

在计划经济时代，在对全国工商业进行社会主义改造的运动中，作为私营的茶馆业也成为改造对象之一，纷纷被改造、合并，有的改为餐馆、冷饮店，有的改造为开水供应站等，至"文化大革命"期间，传统茶馆业几近消亡，因为茶馆跟闲人有关，"我们都有两只手，不在城里吃闲饭"，消灭了闲人，茶馆也就失去了存在的土壤③。

改革开放以来，宁波茶馆业开启创新模式，实现了历史性的突破和跨越式的发展，有的强化了商务、餐饮功能，有的增加了茶馆的社会文化传播和茶文化展示功能。据宁波茶文化促进会茶叶流通委员会调查，到2014年11月，市区有不同类型的茶馆304家，分布在各县市区的有150余家。

1994年，位于海曙区范宅的宁波"范宅茶馆"率先注册成为宁波在市场经济条件下第一家上规模、上档次的专业型茶馆；2003年，宁波最负盛名的"清源茶馆"开业，成为全省首批五星级茶馆；位于宁波江北老外滩的"涌优茶馆"在宁波市文化发展基金会举行的全城寻找最美"文化＋"系列评选活动中，被评为文化十强茶馆之一。

为推动茶馆业的健康发展，慈溪市茶业文化促进会也开展慈溪市"十佳"茶馆的评选活动，评选慈溪市观海卫福苑茶馆、慈溪市嘉叶茶

---

① 浙江通志茶叶专志编纂委员会，2020. 浙江通志 茶叶专志 [M]. 杭州：浙江人民出版社.

② 《四明茶韵》编辑委员会，2005. 四明茶韵 [M]. 北京：人民日报出版社.

③ 周时奋，2013. 周时奋文存 屋檐听雨 [M]. 上海：上海社会科学院出版社.

庄、慈溪水墨茶道、慈溪市陈升号·老班章、慈溪市春霖源茶庄五家茶馆为慈溪市首届"十佳"茶馆。

　　茶馆业的发展可促进种茶业、制茶业、茶叶商贸流通业的发展，可带动茶具、茶水、茶点等相关产业的发展，促进多种消费，茶馆正成为宁波都市文化的一道亮丽风景线。

清源茶馆外墙

清源茶馆内部

（二）建亭施茶美德永存

茶亭，就是为人们提供饮茶、憩息、出售茶水的小亭或小房间。一般是旧时为方便行人，建在人烟稀少的交通要道、分岔路口，乡村大路，每隔数里，使过往者可小憩用茶，歇憩后上路；为方便过往客商，集市周边也都设有茶亭，有时石柱上会刻楹联，提醒过客须防丢失东西。

宁波的茶亭并非普通意义里的亭子，而是公益性质的建筑物，其造型多为一种模式：一至三间的独立小屋，以亭为主体，左边为守亭住房，右边为亭的过道，方便行人出入。亭内有茶缸和一堆日夜不息的灰火，沿着墙和石柱搁两排石凳，供过往者歇息。还有一种结构特殊的茶亭，是集桥梁、茶亭于一体的廊桥，像余姚鹿亭的李家塔板桥、奉化南渡村的广济桥、鄞州洞桥乡蕙江村的百梁桥等。所有茶亭，都立有碑记，记载着建亭年月、捐款人姓名、守亭公约，同时刻有意味隽永的楹联。旧时宁波人做寿，有的寿星就会将所收寿金用于建亭施茶，为子孙积福；而发迹后的"宁波帮"人士，都重视社会公益事业，在盛夏酷暑，能为过往路人提供免费茶水是他们最乐意做的善举之一。

渔溪凉亭

在余姚丈亭渔溪小镇上，有一座建于明代嘉靖丙寅年（1566）的过街"茶亭"，当地人俗称"渔溪凉亭"。它坐落在古时余慈官路上，矗立在渔溪老街东首和永安桥之间，供人憩息，至今形制尚属完好，茶亭主要为木石结构，观音兜山墙，通道两边有石凳，石柱上楹联依稀可辨，东侧石柱刻有"嘉靖丙寅年"字样，山墙墀头的麻姑献寿彩绘仍是栩栩如生[1]。在茶亭即将

① 姚时光，2017. 丈亭这条老街 可能只有1%的余姚人知道 [DB/OL]. https://baijiahao.baidu.com/s?id=1557214119389091.

绝迹的今天，渔溪凉亭见证沧桑变化却依然挺拔。

　　与茶馆资料稀少不同，茶亭除了本体印刻着历史演变的痕迹，里面的碑记也是记载茶亭历史的实物例证，就连碑文也可以作为文献资料加以佐证。如在《慈溪碑碣墓志汇编·清代民国卷》①中，既写建亭又写施茶的碑竟有8块之多，分别为原立于余姚河姆渡口茶亭中"黄墓渡茶亭碑"、原立于淞浦塘侧"范兆英捐田施茶碑"、原由里人马氏于道光十六年（1836）建在眉山顶上，面积较大，有五开间，称接云亭的"永年长茶碑"（即"接云亭施茶碑"）、嵌在今余姚市历山街道历山村凉亭路1号广济庵西墙的"阴功会茶碑"、原立于浒山老城南郊剑山亭（现属慈溪市横河镇）的"剑山凉亭茶碑记"、位于老慈溪县之山南山北的分界线的"杜湖岭忆师亭记"、在今余姚市低塘街道黄清堰村现已修复的"客星亭施茶碑"和慈溪市掌起镇五姓点村的"松浦镇招宝庵义务茶亭碑"②。另外还有浒山茶亭、百岁亭、快哉亭和位于慈溪、余姚两地交界处的长溪岭凉亭等。

慈余两地交界处的长溪岭凉亭

　　①　慈溪市文物管理委员会办公室，宁波市江北区文物管理所，2017. 慈溪碑碣墓志汇编·清代民国卷 [M]. 杭州：浙江古籍出版社.

　　②　桑金伟，2021. 建亭施茶 宁波有许多"茶亭"早年专为过客施茶 [DB/OL]. http://news.cnnb.com.cn/system/2021/08/24/030281887.shtml.

从《余姚六仓志》专设的《义举茶亭》可知，当时在余姚辖区各种茶亭多达61个，如永恒亭、普济亭等。

建亭施茶，每个茶亭后面都有实施义举的团体。随着交通便利，茶亭已经功成身退，现在偶尔会在报纸上看到爱心茶亭，外观不一样，性质却还是一样的，以茶明志、以茶扬善。如奉化棠云茶亭，施茶由江善林和柳慈康两位老人发起，始于1974年，施茶时间为每年的立夏至重阳节。后来，更多老人志愿加入烧茶队伍，棠云茶亭曾被评为"奉化精神文明十件新事"之一[①]。

六、茶文化艺术百花绽放

茶文化从生活层面看是属于"柴米油盐酱醋茶"的生活必需品，从精神层面则反映为"琴棋书画诗酒茶"的高雅需求。茶文化在悠久的发展历史中，自唐宋以来，历朝文人诗、书、画、印之中有关茶的创作不胜枚举。宁波作为我国经济较为发达地区，人们对茶文化的更多需求，已经从生活层面上升至精神层面，琴棋书画与诗词已经渐渐融入茶文化中。当代在宁波已经产生了一批精品力作，以茶为主题的文艺雅集或文艺创作、交流活动此起彼伏，在茶文化艺术百花园中绽放出绚丽的光彩。

（一）宁波茶文化书画院成立

2004年3月，宁波茶文化书画院成立，旨在用诗、书、画、摄影等方式宣传茶与文化、茶与健康、茶与生活的密切关系，在宁波弘扬茶文化，发展茶产业，推动茶消费。同年出版了《宁波茶文化教育书画院作品集·书法卷》[②]、《宁波茶文化教育书画院作品集·美术卷》[③]和《宁波茶文化教育书画院作品集·摄影卷》，2010年出版《宁波茶文化

---

① 桑金伟，2021. 建亭施茶 宁波有许多"茶亭"早年专为过客施茶 [DB/OL].
http://news.cnnb.com.cn/system/2021/08/24/030281887.shtml.
②③ 蔡毅，2004. 宁波茶文化教育书画院作品集 [M]. 香港：中国文化艺术出版社.

书画院成立六周年画师作品集》①，2014年出版了《宁波茶文化书画院成立十周年 宁波茶文化书画院作品集》等。

2018年5月，宁波茶文化促进会、宁波茶文化博物院和童衍方文艺大师工作室，举办了以"品茶、品味、品人生"为主旨的春季雅集。本雅集展出了西泠印社名誉副社长、中国著名书法篆刻家高式熊先生"以茶为美"的书法作品、全国名家篆刻的"名茶印谱"，并邀甬上九位西泠印社社员现场篆刻印章。

2019年4月，福泉采茶文化节上来自宁波书画院的十余位文化大咖齐聚东钱湖福泉山，以茶为题，以笔为媒，开启一场茶香与墨香相得益彰的文化之旅。

书画家们现场题词作画

2020年1月，宁波市茶文化促进会书画班在慈山书院举行以"品茶、品画、品人生"为主题的书画交流活动。

2020年11月，在宁波茶文化博物院举行童衍方"庆云五色"为主题的金石书画展，以后每年都将在此举行诸多金石书画及与茶文化相关的展览、雅集、学术研讨等活动，为宁波传统艺术和文化的繁荣与

---

① 陈启元，2010. 宁波茶文化书画院成立六周年画师作品集 [M]. 香港：中国文化艺术出版社.

发展增添新的动力。

"庆云五色"金石书画雅集

（二）形成茶印同参的常态氛围

宁波茶文化促进会在会长的文化主张与力行推动下，一直致力于研究和实践茶印同参，选择茶事与印学的结合，15年来先后组织市域内外名家、印人，联袂进行创作或个人作品集成，编印出版了10余部印谱。其中有中国著名书法家、金石篆刻家高式熊（1921—2019）领衔为宁波茶促会创作的《茶经印谱》和《名茶印谱》，其他作品集还有《陆羽茶经》《历代咏茶佳句印谱》等，现已形成了"印人兼茶人，茶中有雅品"共同参悟研究茶文化、印学的常态氛围。

（三）以《采茶舞曲》为代表的茶曲蜚声中外

周大风（1923—2015），宁波著名音乐家、戏剧家，于1958年创作了《采茶舞曲》，乐曲采用浙江民间音调的特点，旋律优美流畅，并且风靡海内外，1983年被联合国教科文组织评为亚太地区优秀民族歌舞，被推荐为亚太地区风格的优秀音乐教学材料。

1958年9月，《雨前曲》赴京汇报演出，作为主题曲的《采茶舞曲》响彻长安剧场。周总理观看演出后，称赞《采茶舞曲》曲调有时代气氛，江南地方风味也浓，很清新活泼。还专门叮嘱周大风："插秧插到大天光，采茶采到月儿上"这两句歌词不妥，并亲自改成现在的"插秧插得喜洋洋，采茶采得心花放"版本。

2010年，周大风以年近九旬之高龄，为家乡作《明州仙茗之歌》，又名《宁波茶歌》[①]，其中有歌词"书藏古今记茶事，港通天下飘茶香"，道出了以海上茶路为代表的宁波茶文化丰厚的底蕴。

各地也组织各种歌舞节目，如象山天池翠茶业有限公司自行编排的《天池翠七仙女茶之舞》唱出了"蒙顶天池雾笼翠，春风雀舌露华鲜，七仙香茗君知否，一盏引来成羽仙"，"七仙女"代表了象山大地七座美丽的山峰：蒙顶山、大雷山、珠山、荷花芯山、大金山、南峰山、五狮山。

（四）书画诗词对联

"琴棋书画诗酒茶"中，茶文化与书画等艺术历来密不可分，茶与诗词更是自古就已结缘，相得益彰，因茶香触动而创作出的诗韵、佳句令人回味，书法家、画家们创作出的名篇巨作同样弘扬了博大精深的中国茶文化。

《品龙井赏菊》

20世纪著名的金石篆刻家、收藏家、书法家朱复戡（1900—1989），浙江鄞州区梅墟镇人，精通诗书画印，1983年作有五言茶诗书《品龙井赏菊》："赏菊邀雅集，重来西子湖。一盏龙井茗，细品百花殊。"[②]诗文清新可读，书法古拙，书风富有金石气息及汉魏古风，遒劲浑然，别具一格。

① 李拓，孙吉晶，2010. 周大风年近九旬再作《宁波茶歌》[N]. 宁波日报，01-19.

② 竺济法，2021. 茶竹居说茶|朱复戡龙井品茗留佳作 [DB/OL]. https://ypstatic. cnnb.com.cn/yppage-share/news/share/news_detail?newsId=61523303e4b0dfdfd099813 9&type=wxfs.

（五）茶书

当代宁波籍作者和宁波茶文化促进会出版的茶书已达100余种，其中姚国坤编著70余种，茶著等身，主要有《图说世界茶文化》《图说中国茶文化》《图说浙江茶文化》等；竺济法编著《中华茶人诗描》《科学饮茶益身心》等；孔宪乐《饮茶漫话》等；王家扬主编《茶的历史与文化》、周文棠《茶馆》、王开荣《珍稀白茶》等；余姚市茶文化促进会编《影响中国茶文化历史的瀑布仙茗》、陈伟权《茶风》、方乾勇《奉茶》等；宁波茶文化促进会主编的《四明茶韵》《茶经印谱》《宁波茶文化书画院成立六周年画师作品集》《茶韵》季刊等40多种。

七、宁波茶具金名片有传人

（一）越窑茶具的传承与弘扬

越窑青瓷和玉成窑紫砂是宁波茶器的两张金名片。茶圣陆羽在世界上第一部茶书《茶经》上评定越窑青瓷"碗，越州上"，"类冰""冰玉"，在历史上占有重要地位，上林湖后司岙五代秘色瓷窑址被评为2016年全国十大考古新发现后，秘色瓷又一次成为公众关注的热点。

1. 闻长庆闻果立父子　闻长庆，1949年出生，慈溪人，中立越窑秘色瓷研究所所长，素有"瓷痴"之名，潜心钻研越窑秘色瓷技艺已有30多年。2012年，闻长庆、闻果立父子经历了10多年5 000多个日日夜夜的反复试验，终于用传统工艺方法成功烧制出失传千年的秘色瓷。

2014年12月，闻氏父子发明的"越窑秘色瓷烧制工艺方法"获国家发明专利证书，2017年经浙江省文物局专家核验评审，同意通过"唐五代越窑秘色瓷工艺技术复原研究"文物保护科技立项的验收。这项重大的学术研究成果填补了中国陶瓷史上的空白，闻长庆也因此获得"中华当代陶瓷艺术家"等多项殊荣，还荣膺"庆祝中国改革开放40周年·时代楷模第16届中国公益人物推选活动"的"中国十大突出贡献奖"。

通过闻氏父子对秘色瓷的传承与创新，2017年，法门寺地宫的14件秘色瓷茶具，经过多次实验与探索，以1∶1的原样复制，让世人再饱眼福。

2. 施珍　1972年出生，余姚人，宁波茶文化促进会副秘书长、慈溪市上越陶艺研究所所长。现为高级工艺美术师、浙江省工艺美术大师，"非遗"越窑青瓷烧制技艺代表性传承人。

施珍毕业于景德镇陶瓷学院美术系，后公派留学韩国首尔产业大学陶艺科。于上林湖畔潜心研究越窑青瓷传统工艺，弘扬工匠精神，在继承传统和创新求变中，做到中与外、古与今的精华工艺巧妙结合，把古老的越窑青瓷艺术延伸到高雅清幽的艺术境界。是越窑青瓷茶具的传承者。

施珍制作的"卷叶牡丹瓶""龙纹刻花瓶"等得到有关部门的嘉奖和业内人士的好评。2018年，施珍根据上林湖唐代后司岙出土的越窑青瓷"秘色瓷"碎片上的吉祥鸟纹样，带领团队创作研发了"吉祥鸟"系列作品，其中《吉祥鸟双耳瓶》《吉祥鸟莲纹盖罐》获国家知识产权局授予的外观设计专利证书。

施　珍

慈溪市上越陶艺研究所因充分发挥了示范引领、攻关创新、培育传承的作用，在2016年被宁波市总工会命名为第四批宁波市劳模创新工作室，为14家宁波市级劳模创新工作室之一。平日里，她也经常在艺术馆里接待前来参观的学生，认为"非遗传承还是要从娃娃抓起"，给他们讲解越窑青瓷的文化与传承，将青瓷文化的种子撒播在下一代的身上。

（二）玉成窑茶具的收藏和传承

"洛阳纸贵"人人皆知，而"壶随字贵"的紫砂文人壶则非人皆知之。宁波茶文化博物院院长、玉成窑非物质文化遗产传承人张生，除了成为玉成窑茶具的守护者，还是和记张生创始人兼品牌设计总监，其团队也多年致力于研发紫砂文人壶，让玉成窑茶具的精妙与精髓向更多的世人展示。

从陈曼生开始以坯作纸，寄情于壶，在紫砂陶器上题铭镌刻，抒发思想，托物寓意，将个人的文学修养、艺术审美和生活情趣，用集诗书画印于一体的形式，与紫砂茶器结合，开创紫砂文人壶先河，至晚清梅调鼎玉成窑，则达到文人紫砂之巅。

张生（原名张春生），出生于1974年，专题研究、收藏玉成窑紫砂，和记张生创始人，梅调鼎玉成窑紫砂文化研究所所长，中国收藏家协会工艺品专业委员会副主任。

张　生

张生是海内外玉成窑紫砂收藏、研究、传承第一人，其藏品已成为海内外玉成窑紫砂器收藏之最，在宁波茶文化博物院内专辟一室展出他收藏的玉成窑紫砂器。

宁波和记张生茶具有限公司，除了玉成窑紫砂器皿的研究开发，还多次举办茶瓷书画雅集活动，引领时尚高雅的茶文化生活，取得了很好的业绩，现已经并入宁波茶文化博物院。

八、茶文化宣扬正当时

（一）宁波茶文化遇到发展好时机

1. 茶文化里的廉洁、和谐和节俭符合当今社会主流思想　茶文化发展至现代，茶的社会功能更加突出，主要表现在：①以茶雅志，陶冶情操。中国茶道崇尚"诚信、美丽、和谐、尊重"，重视个人道德修养，通过茶道活动提高个人的品德，提倡诚实自律，反对自私和贪婪。②以茶待客，建立良好的人际关系。在冲泡茶叶时，奉茶、谦让的行为礼仪过程，有利于形成相互尊重，和谐共处的社会风气。③以茶行道，净化风气。喝茶可以改变很多不良的消费行为，净化社会氛围，通过提倡节俭，过苦日子，创造良好的精神文明，促进社会和谐发展。

2. 习近平点赞茶产业和茶文化，指出青山绿水就是金山银山　2014年9月以来，习近平主席在国内外多次谈及茶文化，在7次出访中，他有8次将茶作为比喻来说事说理，他曾12次与外国元首进行茶话会，留下了许多精彩的故事。

3. 茶文化"五进"活动　宁波茶文化促进会将编印的各种小册子送发到机关、学校、企业、社区直至家庭，推动茶文化知识的普及，培养群众饮茶、聊茶、爱茶的良好习惯，为"茶为国饮"的理念传播具有重大而深远的意义。

王家扬

（二）茶文化的教育后继有人

1. 王家扬心系教育并首创茶研会
王家扬（1918—2020），宁海人。1938年参加新四军，历任浙江省委常委兼宣传部长、副省长，省政协主席，全国政协四、七届委员等职，创办浙江省第一所民办大学浙江树人大学。系中国国际茶文化研究会发起人，曾长期担任会长、中国茶叶博物馆名誉馆长等职。被聘任为韩国国际茶道联合会顾问、美国茶科学文化协会、香港茶艺协会名誉会长等。

2. 高式熊关心宁波茶文化发展　高式熊（1921—2019），鄞州区人。中国著名书法家、金石篆刻家，生前任中国书协会员、西泠印社名誉副社长、上海市书协顾问、上海市文史研究馆馆员、上海民建书画院院长、棠柏印社社长，宁波茶文化促进会顾问。为宁波茶文化促进会首开先河篆刻《茶经印谱》，又撰写高式熊小楷《陆羽茶经》，2017年领衔创作出版《名茶印谱》，以丰富茶文化艺术。

高式熊

3. 姚国坤著作等身，藏书捐献母校及天一阁　姚国坤，1937年生，余姚人。1962年毕业于浙江农业大学茶学系，是中国农业科学院茶叶研究所研究员、中国国际茶文化研究会学术委员会副主任、常务副秘书长、浙江树人大学教授、浙江农林大学人文学院特聘副院长，主持部、省级重点课题6个，取得8项科研成果，其中有5次获得国家级科技进步奖、部科技进步奖、省部级科技进步奖。出版的著作有《中国茶文化》《中国古代茶具》《茶的典故》等25

姚国坤

部，发表论文90余篇、科普文章百余篇，茶著等身。被中国科普作家协会、中国农学会等五个团体授予"80年代以来有重大贡献的科普作家"称号，享受国务院政府特殊津贴。

2019年11月，他将首批79种个人手稿、字画收藏，捐赠给宁波天一阁博物院，在这之前，他已经将部分个人著作捐献给宁波图书馆和浙江林业大学图书馆，姚老还决定将近3 000册包括个人著作在内的藏书，捐赠给他的母校浙江大学图书馆[①]，让更多读者阅读参考。

4. 建设高校非遗工作坊，传承宁波茶文化 以宁波职业技术学院为例，通过建设工作作坊的模式，整合高校的文化资源优势和区域技术优势，实现互利共赢、共同培育，使宁波茶文化这种非物质文化遗产通过教育进行传承。

首先，介绍宁波具有地方特色的茶文化，通过宁波的茶园、茶景、茶曲、茶俗等，让学生了解茶文化。

其次，通过学校与企业的互动学习，采用现代的学徒制人才培养模式，通过老师自己的言行，利用工作作坊，进行非遗传教、学、做一体化的教学，将文化传承融入教育的全过程。

九、文化产业融合发展

（一）利用茶文化打造茶品牌

（1）通过"中绿杯"落户宁波、宁波市名优茶评比、举办茶博会等活动，评选龙头品牌，打开知名度。

（2）宁波茶品牌依然以"一县一品"为主。"一县一品"的模式在宁波各区县市内接受程度普遍较高，区域公用品牌也得到了合作社社员们的大力支持和拥护，一定程度上有效整合了区域内细碎分散的个人品牌。在2018中国茶叶区域公用品牌价值排行榜上，著名的宁波望海茶排名第66位，品牌价值10.48亿元；余姚瀑布仙茗排名第74位，品牌价值8.82亿元。上榜的两款宁波茶皆是县域品牌。

---

① 竺济法，2020. 宁波古今茶事人情之美 [J]. 农业考古 (2)：55-60.

（3）要做大做强"明州仙茗"品牌。2011年，宁波市政府为将全市茶叶产业做强做大，首先对品牌进行整合，实行"一牌化"，统一打造成"明州仙茗"牌，并成立了宁波市明州仙茗茶叶合作社，对该品牌进行具体运营操作，实施标识统一、包装统一、质量标准统一和市场运作统一的"四个统一"。"一牌化"后，宁波市政府每年奖励500万元资金用于品牌的推广和营销，克服茶企龙头不强、品牌杂、规模小等弊端，为"明州仙茗"品牌发展奠定了基础[①]。

（二）开发茶产品提高附加值

通过对茶叶的深加工，可以实现茶叶产品的开发，增加茶叶的附加值。茶叶深加工是一个蕴藏巨大商机的朝阳产业，通过提取茶多酚等功能成分加工成相应的终端产品，其产品已渗透到医药保健、食品、日用化工、养殖等行业，具有相当高的附加值。在2014年5月，中国国际茶文化研究会副秘书长、浙江省茶文化研究会副会长、享受国务院政府特殊津贴的姚国坤教授在主题为"茶产业转型升级与科技兴茶"的第三届"明州茶论"研讨会上，从当今茶产业态势谈到了对宁波茶叶联盟品牌"明州仙茗"的转型升级的一些看法：宁波茶叶的问题和不足包括综合利用和深加工水平滞后，至今没有突破茶作为传统饮料的范畴；全国只有6%左右的茶叶用来作为综合利用和深加工产品的原料，而且以初级产品为主，这与日本40%茶叶用来作为深加工原料相比，差距甚远[②]。

姚教授同时建议"明州仙茗"要加大第二产业即茶叶深加工产品的生产。根据现有的科学技术与市场需求，目前茶叶终端产品已经在很多领域开发成功：①茶饮料：包括罐装茶、速溶茶、茶冷饮、茶汽

---

① 徐国青，2014."强"比"大"更重要 [M]//竺济法. 茶产业转型升级与科技兴茶 第三届"明州茶论"研讨会文集. 香港：中国文化出版社.

② 姚国坤，2014. 从当今茶产业态势谈明州仙茗转型升级 [M]//竺济法. 茶产业转型升级与科技兴茶 第三届"明州茶论"研讨会文集. 香港：中国文化出版社.

水、茶酒、茶香槟等；②茶食品：包括茶菜肴、茶面食、茶糕点、茶果脯等；③茶保健品：包括茶多酚胶囊、茶氨酸片剂，y－氨基丁酸降压片、茶色素胶囊、茶心脑健胶囊等；④茶食品添加剂：包括茶粉、食品抗氧化剂等；⑤茶叶饲料添加剂：包括鸡禽、畜产、水产的配合饲料（能有效降低畜禽产品胆固醇含量）等；⑥茶日用品：包括化妆品、空调杀菌剂、除臭剂、茶香波茶香皂、茶沐浴露等；⑦茶床上用品、茶服装、袜子等；⑧其他：如茶旅游品等[①]。作为深加工原料的茶叶对色泽、外形等要求较低，这样不仅可以提高夏茶和秋茶的利用率，能够有效地消化掉一部分的茶叶库存，而且还可以使茶叶的产值得到进一步的提高。

2021年9月，春茶收获季节已过，但宁波奉化南山茶园依然弥漫着茶香。当年春茶结束后，茶园引进了两条抹茶原料生产线，使得便宜的珠茶价格上涨了20倍。据了解，制作抹茶所用的原料为珠茶原料，春茶过后，珠茶的收购价才6元／千克，而加工成抹茶后的珠茶原料，收购价高达130元／千克。

主要生产名优茶的南山茶园，在面临运费和人工成本每年上涨，生产的珠茶利润却很少的局面下，引进抹茶原料生产流水线，市场前景广阔。

（三）遵循健康理念拓展应用空间

一个国家的发展、繁荣和社会进步，其基本保障就是公民的健康。《中华人民共和国宪法》规定，维护全体公民身体健康和提高各族人民的健康水平是社会主义建设的重要任务之一，与世界其他各国的目标是一致的。

宁波茶产业科技团队从发现自然变异种黄金芽始，20年来致力于珍稀特异茶树的种质开发，创制出大量全新叶色、变异类型的新种质，

---

① 姚国坤，2014. 从当今茶产业态势谈明州仙茗转型升级 [M] // 竺济法. 茶产业转型升级与科技兴茶 第三届"明州茶论"研讨会文集. 香港：中国文化出版社.

如今王开荣教授领衔研制的彩色茶树引领国际先进水平，丰富的颜色使茶的世界变得绚丽多彩，茶的应用领域变得更为广泛。

近年来，随着茶文化、茶知识的普及，人们对茶叶中茶多酚抗氧化抗衰老等作用有些了解，而紫化茶所含花青素的抗氧化能力远比茶多酚强。不仅如此，紫化茶在含有花青素的同时，茶多酚含量依然没有减少。由此可见，兼有花青素、茶多酚的紫化茶的健康意义远在常规茶之上。白茶虽少了茶多酚含量，却有超高氨基酸含量。将彩色茶树根据不同特性进行跨领域应用，前景广阔。

1. 传统饮料应用　在传统饮料领域，紫芽茶或紫鹃茶的花青素含量是普通茶叶的50 ~ 100倍，其保健功效显著于一般茶叶，花青素具有抗辐射、抗氧化、降血压、降血脂和软化血管等保健功效，但是花青素含量高，使得制成的绿茶茶色乌暗、茶汤味苦、叶底呈靛蓝色，但制成红茶和普洱茶时，则风味独特，如今紫芽红茶、紫芽普洱逐渐崛起。

2. 食品原料应用　粉茶、抹茶成为近年来茶产业从饮料向食品领域迈进的新亮点，但粉茶、抹茶现在适制品种不多，产品花色更少，仅仅只有绿色一种，而彩色茶树由于纯天然的、非人工合成、无添加的不同叶色的品质特色，在强化食品安全的大环境下，期待在丰富的粉茶和抹茶产品上展现其优势，拓展出更广泛的食品或食品辅料。

3. 菜肴原料应用　虽然茶作为菜肴的历史悠久，但由于传统茶树有着浓郁的苦味，只在少数地方或时兴的菜肴中使用，并没有被人们的日常生活所接受。彩色茶树中的白茶因苦味少、氨基酸含量高，别具风味，有着改善菜品外观、口感等方面的潜力。

4. 生化原料应用　生化原料应用体现在茶叶生化产品的开发上，涵盖的范围相当广泛，除了食品、保健品和护理品，还可以渗透到动物的保健品、植物农药和纺织添加剂等领域。彩色茶树可发挥不同品种的一些高含量生化物质，能在提高生产效率、品质水平或新生化产品开发中显示优势，如作为口红等化妆品的显色剂、作为纯植物染料，充分发挥其纯天然的绿色环保特色。

十、延长茶叶产业链发展茶文化产业

习近平主席创见性地提出"绿水青山就是金山银山""一片叶子成就了一个产业，富裕了一方百姓"，优美茶山是绿水青山的重要组成部分。为发展茶文化产业，延长茶叶产业链，宁波茶企可以通过在茶叶基地打造茶庄园、农旅结合进行茶活动体验，也可以利用宁波茶文化胜迹鼓励茶文化生态旅游等方面寻求新的突破。

（一）利用茶叶基地打造茶庄园等生态茶旅游

以宁波东钱湖福泉山茶场、宁海茶山茶场、余姚大岚高山茶园、海曙五龙潭茶场、奉化南山茶场等为代表的茶园旅游专线、民宿正在兴起，吸引海内外游客前去观光采风，品茶赏景。

奉茶山庄

当前，在农业产业化、集约化、一体化进程不断加快的大背景下，茶叶品牌也开始了"庄园化"的尝试，力图实现从第一产业到第二、三产业的全面跨越，这种茶叶新型经营模式也已经被越来越多的人所接受，建设茶庄园，我国的不少茶区在做，有的地方做得比较早，建设的也比较好①。在宁波"全国30家最美茶园"之一奉化南山茶场上就

---

① 周国富，2021. 建设茶庄园 助力乡村振兴 [J]. 茶博览（8）：14-22.

有一家集茶叶种植、加工、科研、销售、茶文化传播于一体的现代化茶庄园，将旅游业与茶叶产业完美结合，取名奉茶山庄。

奉茶山庄位于宁波市奉化区尚田街道杨家堰村大雷山，海拔800米之上的南山茶场内，以竹海、梯田、奇岩、瀑潭四绝而著称，登上山顶，方圆百里尽收眼底，四季云雾缭绕，犹如仙境，山上清新空气中拥有的超高负氧离子浓度高达4 914个/立方厘米，年均AQI指数为72，远超世界卫生组织关于"清新空气"1 000个/立方厘米的标准，是实实在在的养生宝地[①]。

奉茶山庄四周云雾缭绕

除了让游客领略景色优美的茶山风光，又可以参观并亲身体验茶叶的采摘、加工过程，还可以到茶庄园中修建的茶文化演绎室、茶文化桑拿室、绿茶桶浴室、健身俱乐部、会议室和餐厅等进一步了解传统茶文化，在新时代深化旅游业的探索中，增强全社会生态宜居对美好生活的追求。

---

① 林浩，方乾勇，2019. 试论奉化茶庄园发展之优势与不足——以奉化雨易山房和奉茶山庄为例 [M] // 宁波茶文化促进会，宁波东亚茶文化研究中心，竺济法."茶庄园""茶旅游"暨宁波茶史茶事研讨会文集. 宁波：宁波茶文化文库.

竺济法为茶文化演绎室撰写的《中华饮茶歌》

奉茶山庄董事长方谷龙，从小就跟父亲学做茶，自1999年向当地村庄承包茶山后，2003年他又买下同样位于尚田的奉化区香茗茶厂，邀请科技人员设计生态茶庄的具体规划后，方谷龙进行逐步实践，同时利用山上两个水库资源，在水库四周和背山的地带开发樱桃15亩、水蜜桃10亩、蓝莓10亩、樱花6 000株、板栗200株、银杏2 000棵，还开发小型养鸡、养猪、养羊等场所，促使生态茶庄全方位并进，在产业链上衍生出"茶+"模式，如"茶+鱼塘""茶+宠物""茶+林蛙""茶+土鸡"等，另有专属化经营项目，就是动员一批企业家到南山茶场认养"私家茶园"，每年支付一定的资金，便可以拥有自己的私家茶园，平日里不必操心茶园管理，出产的奉化曲毫名茶也会由专业人员加工、包装，打上专属印记后，送货上门，这正契合了当下最时尚的私人定制模式①。

---

① 林浩，方乾勇，2019. 试论奉化茶庄园发展之优势与不足——以奉化雨易山房和奉茶山庄为例 [M] // 宁波茶文化促进会，宁波东亚茶文化研究中心，竺济法."茶庄园""茶旅游"暨宁波茶史茶事研讨会文集. 宁波：宁波茶文化文库.

茶庄园内的健身俱乐部等

（二）利用名茶好山佳泉助推茶文化旅游

春水初生，春林初盛，春天好时节一来，茶香也渐渐跟来了。茶树多生长在山区，山多林密，云遮雾绕，泉水叮咚，这样的地方往往有利于茶树生长，也是进行茶文化旅游的打卡地。

宁波是古代最早形成的茶区之一，在茶文化的发展中，留下了十分宝贵的茶文化遗产，包括著名的茶山、茶园、茶泉，都是蕴含丰富历史信息的文化胜迹。在茶文化里，水占有"茶之母"的重要地位，陆羽的《茶经》里有评论标准："山水上，江水中，井水下。"处于茶山之上的水想必最佳，让人禁不住想登山寻访一下。宁波多山，且多佳泉，现将宁波附近适合爬山、寻泉、品茗的好去处做一梳理，代表如下：

1. 位于余姚大岚镇柿林村内的"丹山赤水" 早在东汉年间就已蜚声于外，素有三十六洞天之"第九洞天"之称，北宋徽宗因爱慕丹山赤水的美妙，曾御笔亲书"丹山赤水洞天"。柿林村中有一口很有名的井，水质清澈，还暗含"大井水满要天晴，大井水浅天落雨"的规律。

大岚镇大岚村夏家岭自然村左岷岗头东坡，一平地上一前一后有两口泉眼，溪水自岩间土中渗出，汇成细小流沿坡而下，泉水常年经流不息。1993年经专家考察研究，最后确认该处便是姚江源头。

姚江源头的泉眼

2."福善所集，蔚有灵气，昔产仙茗" 所以称为仙茗，主要是所属之地蔚有灵气，此地，便是如今余姚市著名的"道士山"，"瀑布仙茗"中的瀑布就是道士山上的白水冲。道士山附近共计有42条涧水，全部汇集到白水山顶，形成大龙湫直泻而下，而在出水处，有一名为"潺湲洞"岩洞，传说因为有道人在此修炼诵经，故而又称"白水宫"。

白水冲瀑布

白水冲瀑布奔泻，银珠飞溅，数里之内雾气腾腾，下泻成潭，流出潭口，在巨石间奔流成溪。因这一带终年云雾缭绕，形成数里长的云带，人们南北往来，仿佛飘浮在云海之中，故称"过云"，附近尚有过云岩、过云桥。在这样的环境中，茶树吸收天地、云雾、雨水的灵气，茶香质朴，气韵深厚。如今瀑布泉岭道士山上的古茶树，依然矍铄。

3. 东钱湖旅游度假区福泉山　顾名思义山中有泉致人福祉。福泉在山顶，旁边还有蓄水库，泉水清冽、甘美，汇入方井，泉井浅底，四季不涸，含多种矿物质，具有明目润喉之功效。福泉山大慈寺旁另有一眼清泉，是南宋祖元法师汲泉品茗，顿悟禅机之处，称得上"聪明泉"。

福泉山与东钱湖相得益彰，一个"钱湖"，一个"福地"，仅是这名就引来游人纷至沓来沾点福气。福泉山有不同的美景，样式各异的山地空间均由起伏的山谷、丰富的溪流变化而形成。山峰大部分位于海拔200～300米，其中最高的是望海峰（海拔556米）。向西，可以看到东钱湖和宁波市；向东，可以看到海上的日出。

出产"东海龙舌"的东钱湖旅游度假区福泉山茶场

乡谚说："晴天遍地雾，雨天满山云"，也正是得源于气象的变化万千，福泉山的茶才饱受了雨水的滋养。山中有精致的茶室，一个栖谷底湖畔，一个则高踞山顶；一个倚看湖面波澜不惊，一派田园的宁静祥和，一个却视野开阔，豪壮之气直抵心中。

4. 余姚市大岚镇大山村　是四明山深处的一小块盆地，著名的仰天湖景区便坐落于此。村庄四面环山，山体海拔均在800米以上，山顶平缓，是生产白茶的最佳地段。"留官莫去且徘徊，官有白茶十二雷"。

春日融融的天气，四明山中，满目苍翠，而高山茶园，却依旧浓雾袅绕，山花含而不放，白茶园里独独落了一层"白雪"，山上山下两重天。白茶历来金贵，大岚的万亩茶园，种植白茶的也寥寥无几，能够观赏白茶"印雪"更是难事。

观赏白茶"印雪"

5. 宁海茶山即东海云顶　直接以茶命名，可见其灵魂所在。茶山系宁海东北部第一高山，绵亘于宁海、象山两县多个乡镇，主峰磨注峰海拔872米，山体广阔，原名又叫盖苍山，像常年苍翠的巨盖，覆于东海之上。

在茶山顶，一目瞰两湾（三门湾和象山港），山顶的望海岗海拔已近千米，此地终年云雾缭绕，晴好之日，登高远眺，远可见东海樯桅点点，海天相连；近可见茶园重重，生机盎然。山以茶名，故名茶山；茶以山名，故名望海茶。

宁海东海云顶

6. 奉化区溪口镇雪窦山是四明山东部的支脉，山名含有泉水洁白如雪，山水乳泉漫流之意。这座雪窦寺是宋代十大著名佛教寺庙之一。宋理宗题写的四个字的碑文"应梦名山"置于御亭内。

雪窦山水

雪窦山一带海拔处在800米上下，山势险峻，泉流纵横，汇成飞瀑，蔚为壮观。著名的有千丈岩、三隐潭、徐凫岩，最佳的要数商量岗上的泉水，它在乳峰之下，处于众多泉池之上，别具风光，有读"雨后山岚看画景，风前雪窦听鸣钟"的佳境。到那里觅好水煮茶，香留两颊，怡人清心，自有情趣。

7. 鄞州区东吴镇太白山 2006年春，宁波评选出十大特色山峰，太白山被冠以"最具神话色彩的山峰"，太白山逶迤苍茫，群山地跨鄞州、北仑两区，方志上均记载盛产佳茗："太白山为上，每当采制，充方物入贡。"

太白处处有好水，最著名的要数天童虎跑泉，虎跑泉位于天音寺西侧，天童溪旁边，是溪水边的一个泉涡，仔细看去，泉边一石平如板壁，石上有青苔，依稀可辨"虎"字笔画，泉池已不明显。1919年夏，朱祥麟所绘长卷（局部）表明虎跑泉在天童寺墙外天童林场溪边，朱祥麟为中国近代银行保险业资本家、宁波旅沪同乡会会长朱葆三之父。

太白山高水"轻"，把这水放入杯中，满杯后水面与杯口相

虎跑泉位置图（陈伟权 供图）

平，放入4枚一元硬币，杯水也不外溢①。品该水质泡的太白滴翠，可与杭州龙井茶、虎跑水媲美。

（三）现代茶城成为宁波新的茶文化传播地

1989年10月，正式开业的二号桥市场，是宁波人记忆里购买食品和日用百货最实惠最方便的地方，也是当时宁波唯一的茶叶市场，省内外各类名优茶都在此经销。2016年，因为拥堵及各种安全隐患，搬迁至江北，一楼的茶叶区，显得冷清许多。

随着茶文化的融入，茶叶已不仅仅是一种经济农产品，茶叶的价值从原有物质性的价值提升到具有文化意义的价值上，茶文化也成为引导茶消费的重要杠杆，通过吸引人们对茶的注意，增加人们对茶的兴趣和信任，以茶文化来提升茶消费。宁波的一些现代茶城就是将传统的茶叶经济与新兴的茶文化产业相融合，以市场和消费者为中心，在一个开放式的识茶、展茶的环境下，再融入品茶，让市民全面融入茶文化的氛围里，达到生理、精神的双重满足，形成了长久有潜力的产业经济，其中具有代表性的现代茶城有新金钟茶城、宁波嵩江茶文化商业广场、天茂36茶院和宁波联盛茶城等。

宁波现代茶城除了引进专业的茶叶经营商家，还为茶业衍生产业，如茶服茶器、茶艺书画、花道香道、手工艺创作、茶主题餐饮，并专门开辟区域让市民免费品茶，定期举办品茶、讲座等各类茶文化活动，引进文化创意，使茶城融入琴棋书画等高雅文化元素，以"做茶文化的传播者"为宗旨，用高端的硬件设施、专业的管理、优质的服务，全力打造成集茶叶批发、零售、茶具、茶文化培训于一体的一站式茶文化商城，将茶文化传播的需求列入业态规划。

---

① 陈伟权，2013. 天童虎跑泉 [N]. 宁波晚报，09-22.

参考文献

《宁波词典》编委会，1992．宁波词典 [M]．上海：复旦大学出版社．

《宁波海关志》编纂委员会，2000．宁波海关志 [M]．杭州：浙江科学技术出版社．

《宁波林业志》编纂委员会，2016．宁波林业志 [M]．宁波：宁波出版社．

《四明茶韵》编辑委员会，2005．四明茶韵 [M]．北京：人民日报出版社．

蔡毅，2004．宁波茶文化教育书画院作品集·书法卷 [M]．香港：中国文化艺术出版社．

曹建南，2018．叶隽《煎茶诀》在日本煎茶文化史上的地位 [J]．农业考古（5）：260.

查尔斯·德雷格，2018．龙廷洋大臣：海关税务司包腊父子与近代中国（1863-1923）[M]．潘一宁，戴宁，译．桂林：广西师范大学出版社．

陈椽，1993．中国茶叶外销史 [M]．台北：台湾碧山岩出版社．

陈鸿，2018．百味一品 [M]．长春：吉林文史出版社．

陈梅龙，景消波，2003．近代浙江对外贸易及社会变迁：宁波、温州、杭州海关贸易报告译编 [M]．宁波：宁波出版社．

陈明星，朱刚，2019．茶经 [M]．北京：北京时代华文书局．

陈耆卿，2004．嘉定赤城志 [M]．徐三见，点校．北京：中国文史出版社．

陈启元，2010．宁波茶文化书画院成立六周年画师作品集 [M]．香港：中国文化艺术出版社．

陈伟权，2013．天童虎跑泉 [N]．宁波晚报，09-22.

陈宗懋，杨亚军，2011．中国茶经 [M]．上海：上海文化出版社．

陈宗懋，杨亚军，2013．中国茶叶词典 [M]．上海：上海文化出版社．

褚银良，2018．宁波城市变迁与发展（1949-1978）[M]．宁波：宁波出版社．

纯道，2017．禅艺茶道 [M]．上海：文汇出版社．

慈溪市教育局，2016．慈溪市教育志 [M]．杭州：浙江教育出版社．

慈溪市文物管理委员会办公室，宁波市江北区文物管理所，2017. 慈溪碑碣墓
　志汇编·清代民国卷 [M]. 杭州：浙江古籍出版社.

封演，2005. 封氏闻见记校注 [M]. 赵贞信，校注. 北京：中华书局.

傅振伦，1993.《景德镇陶录》详注 [M]. 孙彦，整理. 北京：书目文献出
　版社.

高希，2012. 唐代茶酒文化研究 [D]. 北京：首都师范大学.

谷昆，1990. 茶与祭祀 [J]. 中国茶叶（5）：34.

国家图书馆古籍文献丛刊编委会，2003. 中国古代茶道秘本五十种（第1册）
　[M]. 北京：全国图书馆文献缩微复制中心.

海关总税务司，1894. 光绪二十年通商各关华洋贸易总册（下册）[M]. 北
　京：海关总税务司署.

海关总税务司，1905. 光绪三十一年通商各关华洋贸易总册（下册）[M]. 北
　京：海关总税务司署.

何晓道，2008. 十里红妆女儿梦 [M]. 北京：中华书局.

洪可尧，等，2004. 四明书画家传 [M]. 宁波：宁波出版社.

胡剑辉，2016. 问茶明州 [M]. 北京：中国文化出版社.

胡长春，吴旭，2008. 试论明代茶叶生产技术的发展 [J]. 农业考古（5）：
　278-281.

怀海，2000. 敕修百丈清规 [M]. 北京：线装书局.

姜越，2015. 大清之风：一本书读懂清代文明 [M]. 北京：群言出版社.

焦润明，2017. 晚清生活史话 [M]. 沈阳：东北大学出版社.

金妍，2016. 茶文化在现代茶叶包装设计中的体现 [J]. 福建茶叶（3）：
　206-207.

赖贤宗，2014. 茶禅心月：茶道新诠及其开拓 [M]. 北京：金城出版社.

李拓，孙吉晶，2010. 周大风年近九旬再作《宁波茶歌》[N]. 宁波日报，
　01-19.

李微，2017. 宁波甬剧及其音乐的演变 [M]. 北京：中国戏剧出版社.

林浩，黄浙苏，林士民，2019. 宁波会馆研究 [M]. 杭州：浙江大学出版社.

林清玄，2018. 从容是一辈子的事 [M]. 北京：九州出版社.

林士民，1999. 青瓷与越窑 [M]. 上海：上海古籍出版社.

林士民，2009．唐代明州港与日本博多港对比研究［J］．宁波经济（三江论坛）(6)：44-47．

林士民，林浩，2012．中国越窑瓷［M］．宁波：宁波出版社．

刘鉴唐，张力，1989．中英关系系年要录（第1卷）［M］．成都：四川省社会科学院出版社．

刘昫，1997．旧唐书［M］．长沙：岳麓书社．

刘正武，2017．湖州批判［M］．苏州：古吴轩出版社．

罗列万，2021．浙江名茶图志［M］．北京：中国农业科学技术出版社．

绿然花，2018．一手好茶艺［M］．北京：中国铁道出版社．

马士，1957．中华帝国对外关系史（第1卷）［M］．北京：生活·读书·新知三联书店．

马晓俐，2008．茶的多维魅力——英国茶文化研究［D］．杭州：浙江大学．

闵泉，1990．湖州发现东汉晚期贮茶瓮［N］．中国文物报，08-02．

宁波茶文化促进会，宁波七塔禅寺，竺济法，2010．茶禅东传宁波缘 第五届世界禅茶交流大会文集［M］．北京：中国农业出版社．

宁波市地方志编纂委员会，俞福海，1995．宁波市志［M］．北京：中华书局．

宁波市文化局，2003．千年海外寻珍——中国·宁波"海上丝绸之路"在日本韩国的传播及影响［R］．宁波：宁波市文化局编印．

宁波市文化遗产管理研究院，2021．城·纪千年——港城宁波发展图鉴［M］．宁波：宁波出版社．

宁波市鄞州区政协文史资料委员会，2012．《鄞州文史》精选［M］．宁波：宁波出版社．

逄先知，金冲及，2003．毛泽东传（1949-1976）［M］．北京：中央文献出版社．

彭定求，等，1999．全唐诗［M］．中华书局编辑部，点校．北京：中华书局．

彭泽益，1962．中国近代手工业史资料（第2卷）［M］．北京：中华书局．

乔晓军，2007．中国美术家人名辞典（补遗二编）［M］．西安：三秦出版社．

仇柏年，2017．外滩烟云：西风东渐下的宁波缩影［M］．宁波：宁波出版社．

瞿明安，秦莹，2011．中国饮食娱乐史［M］．上海：上海古籍出版社．

沈松平，2020．越地方志发展史［M］．上海：上海交通大学出版社．

沈潇潇，2015．《五灯会元》和奉化禅师 [N]．奉化日报，11-04．

释圆仁，2007．入唐求法巡礼行记校注 [M]．石家庄：花山文艺出版社．

四库全书存目丛书编纂委员会编，1995．四库全书存目丛书·子部（第79册）
　　[M]．济南：齐鲁书社．

陶德臣，2014．论近代宁波茶埠的兴衰 [M]//竺济法．"海上茶路·甬为茶
　　港"研究文集．北京：中国农业出版社．

陶德臣，2017．中国首个茶业海外考察团的派遣 [J]．农业考古（5）：64-68．

王开荣，2020．彩色茶树让茶产业前景更美好 [J]．农业考古（2）：52．

王立霞，2011．论唐代饮茶风习的兴盛及其对后代影响——兼论茶饮在中国多
　　民族融和中的作用 [J]．农业考古（5）：123-130．

王孺童，2018．王孺童集 [M]．北京：宗教文化出版社．

魏国梁，1996．"八五"回顾与"九五"工作思路 [J]．宁波茶业（1）：6-9．

吴觉农，2005．茶经述评 [M]．北京：中国农业出版社．

吴礼权，李索，2017．修辞研究（第2辑）[M]．广州：暨南大学出版社．

谢弗，1995．唐代的外来文明 [M]．吴玉贵，译．北京：中国社会科学出
　　版社．

谢重光，2011．百丈怀海禅师 [M]．厦门：厦门大学出版社．

徐国青，2014．"强"比"大"更重要 [M]//竺济法．茶产业转型升级与科
　　技兴茶　第三届"明州茶论"研讨会文集．香港：中国文化出版社．

徐海荣，2000．中国茶事大典 [M]．北京：华夏出版社．

徐林，2006．明代中晚期江南士人社会交往研究 [M]．上海：上海古籍出
　　版社．

徐献忠，1995．水品二卷 [M]．济南：齐鲁书社．

严忠苗，陈永润，2009．姚江特产 [M]．杭州：浙江古籍出版社．

姚国坤，2014．从当今茶产业态势谈明州仙茗转型升级 [M]//竺济法．茶产
　　业转型升级与科技兴茶　第三届"明州茶论"研讨会文集．香港：中国文化
　　出版社．

姚国坤，等，2007．中国清代茶叶对外贸易 [M]．澳门：澳门民政总署出版．

姚伟钧，刘朴兵，鞠明库，2012．中国饮食典籍史 [M]．上海：上海古籍出
　　版社．

姚贤镐，1962．中国近代对外贸易史资料［M］．北京：中华书局．

叶羽，2001．茶书集成［M］．哈尔滨：黑龙江人民出版社．

佚名，2008．茶香千年韵悠悠——浙江宁海茶山茶事碑纪事［J］．茶叶世界
（1）：27．

永瑢，纪昀，1999．四库全书总目提要［M］．周仁，整理．海口：海南出
版社．

余悦，2013．中华茶史：唐代卷［M］．西安：陕西师范大学出版社．

张传保，赵家荪，陈训正，等，2006．鄞县通志（第五）：食货志［M］．宁波：
宁波出版社．

张大复，1996．闻雁斋笔谈［M］．上海：上海古籍出版社．

张杰，2015．诗品茶香——中国古代茶诗佳作鉴赏［M］．贵阳：贵州人民出
版社．

张培锋，2017．禅林妙言集［M］．天津：天津人民出版社．

张绳志，1950．从中苏贷款协定说到今后茶叶增产［J］．中国茶讯（1）：
2-3．

张哲永，陈金林，顾炳权，1991．中国茶酒辞典［M］．长沙：湖南出版社．

赵方任，2001．唐宋茶诗辑注［M］．北京：中国致公出版社．

赵烈，1931．中国茶业问题［M］．上海：大东书局．

浙江通志茶叶专志编纂委员会，2020．浙江通志·茶叶专志［M］．杭州：浙
江人民出版社．

郑培凯，朱自振，2017．中国历代茶书汇编校注本［M］．香港：商务印书馆．

郑柔敏，2019．陆羽茶经［M］．沈阳：辽宁科学技术出版社．

中国海关博物馆，2017．中国近代海关建筑图释［M］．北京：中国海关出
版社．

中国人民政治协商会议浙江省委员会文史资料研究委员会，1979．浙江文史资
料选辑（第11辑）［M］．杭州：浙江人民出版社．

周国富，2021．建设茶庄园 助力乡村振兴［J］．茶博览（8）：14-22．

周时奋，2008．宁波老俗［M］．宁波：宁波出版社．

周时奋，2013．屋檐听雨［M］．上海：上海社会科学院出版社．

朱一玄，2012．《金瓶梅》资料汇编［M］．天津：南开大学出版社．

竺秉君，2019．宁波茶禅文化之传承 [J]．农业考古（2）：159-163．

竺济法，2009．陆羽五记余姚茶事 [C] // 姚国坤．2009 中国·浙江绿茶大会论文集．北京：中央文献出版社．

竺济法，2010．晚明宁波四位茶书作者茶事及生平小考（续）[J]．中国茶叶（3）：32-35．

竺济法，2011．陈藏器《本草拾遗》载茶功 [J]．茶博览（1）：64-67．

竺济法，2017．叶隽《煎茶诀》与卖茶翁《试越溪新茶》关联浅析 [J]．茶博览（12）：68-71．

竺济法，2018．南朝之前古茶史 江浙地区最丰富 ——以文献记载和考古发现为例 [J]．农业考古（5）：183-190．

竺济法，2020．宁波古今茶事人情之美 [J]．农业考古（2）：55-60．

竺济法，2021．"茶堂贬剥"出新意 [J]．茶道（8）：85-86．

竺济法，2021．朱舜水："王者之道只是家常茶饭耳" [J]．茶道（12）：92-95．

附录

宁波茶文化促进会大事记（2003—2021年）

2003年

▲2003年8月20日，宁波茶文化促进会成立。参加大会的有宁波茶文化促进会50名团体会员和122名个人会员。

浙江省政协副主席张蔚文，宁波市政协主席王卓辉，宁波市政协原主席叶承垣，宁波市委副书记徐福宁、郭正伟，广州茶文化促进会会长邬梦兆，全国政协委员、中国美术学院原院长肖峰，宁波市人大常委会副主任徐杏先，中国国际茶文化研究会常务副会长宋少祥、副会长沈者寿、顾问杨招棣、办公室主任姚国坤等领导参加了本次大会。

宁波市人大常委会副主任徐杏先当选为首任会长。宁波市政府副秘书长虞云秧、叶胜强，宁波市林业局局长殷志浩，宁波市财政局局长宋越舜，宁波市委宣传部副部长王桂娣，宁波市城投公司董事长白小易，北京恒帝隆房地产公司董事长徐慧敏当选为副会长，殷志浩兼秘书长。大会聘请：张蔚文、叶承垣、陈继武、陈炳水为名誉会长；中国工程院院士陈宗懋，著名学者余秋雨，中国美术学院原院长肖峰，著名篆刻艺术家韩天衡，浙江大学茶学系教授童启庆，宁波市政协原主席徐季子为本会顾问。宁波茶文化促进会挂靠宁波市林业局，办公场所设在宁波市江北区槐树路77号。

▲2003年11月22—24日，本会组团参加第三届广州茶博会。本会会长徐杏先，副会长虞云秧、殷志浩等参加。

▲2003年12月26日，浙江省茶文化研究会在杭召开成立大会。

本会会长徐杏先当选为副会长，本会副会长兼秘书长殷志浩当选为常务理事。

2004年

▲2004年2月20日，本会会刊《茶韵》正式出版，印量3 000册。

▲2004年3月10日，本会成立宁波茶文化书画院，陈启元当选为院长，贺圣思、叶文夫、沈一鸣当选为副院长，蔡毅任秘书长。聘请（按姓氏笔画排序）：叶承垣、陈继武、陈振濂、徐杏先、徐季子、韩天衡为书画院名誉院长；聘请（按姓氏笔画排序）：王利华、王康乐、刘文选、何业琦、陆一飞、沈元发、沈元魁、陈承豹、周节之、周律之、高式熊、曹厚德为书画院顾问。

▲2004年4月29日，首届中国·宁波国际茶文化节暨农业博览会在宁波国际会展中心隆重开幕。全国政协副主席周铁农，全国政协文史委副主任、中国国际茶文化研究会会长刘枫，浙江省政协原主席、中国国际茶文化研究会名誉会长王家扬，中国工程院院士陈宗懋，浙江省人大常委会副主任李志雄，浙江省政协副主席张蔚文，浙江省副省长、宁波市市长金德水，宁波市委副书记葛慧君，宁波市人大常委会主任陈勇，本会会长徐杏先，国家、省、市有关领导，友好城市代表以及美国、日本等国的400多位客商参加开幕式。金德水致欢迎辞，刘枫致辞，全国政协副主席周铁农宣布开幕。

▲2004年4月30日，宁波茶文化学术研讨会在开元大酒店举行。中国国际茶文化研究会会长刘枫出席并讲话，宁波市委副书记陈群、宁波市政协原主席徐季子，本会会长徐杏先等领导出席研讨会。陈群副书记致辞，徐杏先会长讲话。

▲2004年7月1—2日，本会邀请姚国坤教授来甬指导编写《宁波茶文化历史与现状》一书。参加座谈会人员有：本会会长徐杏先，顾问徐季子，副会长王桂娣、殷志浩，常务理事张义彬、董贻安，理事

王小剑、杨劲等。

▲2004年8月18日，本会在联谊宾馆召开座谈会议。会议由本会会长徐杏先主持，征求《四明茶韵》一书写作提纲和筹建茶博园方案的意见。出席会议人员有：本会名誉会长叶承垣、顾问徐季子、副会长虞云秧、副会长兼秘书长殷志浩等。特邀中国国际茶文化研究会姚国坤教授到会。

▲2004年11月18—19日，浙江省茶文化考察团在甬考察。刘枫会长率省茶文化考察团成员20余人，深入四明山的余姚市梁弄、大岚及东钱湖的福泉山茶场，实地考察茶叶生产基地、茶叶加工企业和茶文化资源。本会会长徐杏先、副会长兼秘书长殷志浩等领导全程陪同。

▲2004年11月20日，宁波茶文化促进会茶叶流通专业委员会成立大会在新兴饭店举行，选举本会副会长周信浩为会长，本会常务理事朱华峰、李猛进、林伟平为副会长。

2005年

▲2005年1月6—25日，85岁著名篆刻家高式熊先生应本会邀请，历时20天，创作完成《茶经》印章45方，边款文字2 000余字。成为印坛巨制，为历史之最，也是宁波文化史上之鸿篇。

▲2005年2月1日，本会与宁波中德展览服务有限公司签订"宁波茶文化博物院委托管理经营协议书"。宁波茶文化博物院隶属于宁波茶文化促进会。本会副会长兼秘书长殷志浩任宁波茶文化博物院院长，徐晓东任执行副院长。

▲2005年3月18—24日，本会邀请宁波著名画家叶文夫、何业琦、陈亚非、王利华、盛元龙、王大平制作"四明茶韵"长卷，画芯总长23米，高0.54米，将7 000年茶史集于一卷。

▲2005年4月15日，由宁波市人民政府组织编写，本会具体承办，陈炳水副市长任编辑委员会主任的《四明茶韵》一书正式出版。

▲2005年4月16日，由中国茶叶流通协会、中国国际茶文化研究会、中国茶叶学会共同主办，由本会承办的中国名优绿茶评比在宁波揭晓。送达茶样100多个，经专家评审，评选出"中绿杯"金奖26个、银奖28个。

本会与中国茶叶流通协会签订长期合作举办中国宁波茶文化节的协议，并签订"中绿杯"全国名优绿茶评比自2006年起每隔一年在宁波举行。本会注册了"中绿杯"名优绿茶系列商标。

▲2005年4月17日，第二届中国·宁波国际茶文化节在宁波市亚细亚商场开幕。参加开幕式的领导有：全国政协副主席白立忱，全国政协原副主席杨汝岱，全国政协文史委副主任、中国国际茶文化研究会会长刘枫，浙江省副省长茅临生，浙江省政协副主席张蔚文，浙江省政协原副主席陈文韶，中国国际林业合作集团董事长张德樟，中国工程院院士陈宗懋，中国国际茶文化研究会名誉会长王家扬，中国茶叶学会理事长杨亚军，以及宁波市领导毛光烈、陈勇、王卓辉、郭正伟，本会会长徐杏先等。参加本届茶文化节还有浙江省、宁波市的有关领导，以及老领导葛洪升、王其超、杨彬、孙家贤、陈法文、吴仁源、耿典华等。浙江省副省长茅临生、宁波市市长毛光烈为开幕式致辞。

▲2005年4月17日下午，宁波茶文化博物院开院暨《四明茶韵》《茶经印谱》首发式在月湖举行，参加开院仪式的领导有：全国政协副主席白立忱，全国政协原副主席杨汝岱，全国政协文史委副主任、中国国际茶文化研究会会长刘枫，浙江省副省长茅临生，浙江省政协副主席张蔚文，浙江省政协原副主席陈文韶，中国国际林业合作集团董事长张德樟，中国工程院院士陈宗懋，中国国际茶文化研究会名誉会长王家扬，中国茶叶学会理事长杨亚军，以及宁波市领导毛光烈、陈勇、王卓辉、郭正伟，本会会长徐杏先等。白立忱、杨汝岱、刘枫、王家扬等还为宁波茶文化博物院剪彩，并向市民代表赠送了《四明茶韵》和《茶经印谱》。

▲2005年9月23日，中国国际茶文化研究会浙东茶文化研究中心成立。授牌仪式在宁波新芝宾馆隆重举行，本会及茶界近200人出席，中国国际茶文化研究会副会长沈才土、姚国坤教授向浙东茶文化研究中心主任徐杏先和副主任胡剑辉授牌。授牌仪式后，由姚国坤、张莉颖两位茶文化专家作《茶与养生》专题讲座。

2006年

▲2006年4月24日，第三届中国·宁波国际茶文化节开幕。出席开幕式的有全国政协副主席郝建秀，浙江省政协副主席张蔚文，宁波市委书记巴音朝鲁，宁波市委副书记、市长毛光烈，宁波市委原书记叶承垣，市政协原主席徐季子，本会会长徐杏先等领导。

▲2006年4月24日，第三届"中绿杯"全国名优绿茶评比揭晓。本次评比，共收到来自全国各地绿茶产区的样品207个，最后评出金奖38个，银奖38个，优秀奖59个。

▲2006年4月24日，由本会会同宁波市教育局着手编写《中华茶文化少儿读本》教科书正式出版。宁波市教育局和本会选定宁波7所小学为宁波市首批少儿茶艺教育实验学校，进行授牌并举行赠书仪式，参加赠书仪式的有徐季子、高式熊、陈大申和本会会长徐杏先、副会长兼秘书长殷志浩等领导。

▲2006年4月24日下午，宁波"海上茶路"国际论坛在凯洲大酒店举行。中国国际茶文化研究会顾问杨招棣、副会长宋少祥，宁波市委副书记郭正伟，宁波市人民政府副市长陈炳水，本会会长徐杏先等领导及北京大学教授滕军、日本茶道学会会长仓泽行洋等国内外文史界和茶学界的著名学者、专家、企业家参会，就宁波"海上茶路"启航地的历史地位进行了论述，并达成共识，发表宣言，确认宁波为中国"海上茶路"启航地。

▲2006年4月25日，本会首次举办宁波茶艺大赛。参赛人数有

150余人，经中国国际茶文化研究副秘书长姚国坤、张莉颖等6位专家评选，评选出"茶美人""茶博士"。本会会长徐杏先、副会长兼秘书长殷志浩到会指导并颁奖。

2007年

▲2007年3月中旬，本会组织茶文化专家、考古专家和部分研究员审定了大岚姚江源头和茶山茶文化遗址的碑文。

▲2007年3月底，《宁波当代茶诗选》由人民日报出版社出版，宁波市委宣传部副部长、本会副会长王桂娣主编，中国国际茶文化研究会会长刘枫、宁波市政协原主席徐季子分别为该书作序。

▲2007年4月16日，本会会同宁波市林业局组织评选八大名茶。经过9名全国著名的茶叶评审专家评审，评出宁波八大名茶：望海茶、印雪白茶、奉化曲毫、三山玉叶、瀑布仙茗、望府茶、四明龙尖、天池翠。

▲2007年4月17日，宁波八大名茶颁奖仪式暨全国"春天送你一首诗"朗诵会在中山广场举行。宁波市委原书记叶承垣、市政协主席王卓辉、市人民政府副市长陈炳水，本会会长徐杏先，副会长柴利能、王桂娣，副会长兼秘书长殷志浩等领导出席，副市长陈炳水讲话。

▲2007年4月22日，宁波市人民政府落款大岚茶事碑揭碑。宁波市副市长陈炳水、本会会长徐杏先为茶事碑揭碑，参加揭碑仪式的领导还有宁波市政府副秘书长柴利能、本会副会长兼秘书长殷志浩等。

▲2007年9月，《宁波八大名茶》一书由人民日报出版社出版。由宁波市林业局局长、本会副会长胡剑辉任主编。

▲2007年10月，《宁波茶文化珍藏邮册》问世，本书以记叙当地八大名茶为主体，并配有宁波茶文化书画院书法家、画家、摄影家创作的作品。

▲2007年12月18日，余姚茶文化促进成立。本会会长徐杏先，

本会副会长、宁波市人民政府副秘书长柴利能，本会副会长兼秘书长殷志浩到会祝贺。

▲2007年12月22日，宁波茶文化促进会二届一次会员大会在宁波饭店举行。中国国际茶文化研究会副会长宋少祥、宁波市人大常委会副主任郑杰民、宁波市副市长陈炳水等领导到会祝贺。第一届茶促会会长徐杏先继续当选为会长。

2008年

▲2008年4月24日，第四届中国·宁波国际茶文化节暨第三届浙江绿茶博览会开幕。参加开幕式的有全国政协文史委原副主任、浙江省政协原主席、中国国际茶文化研究会会长刘枫，浙江省人大常委会副主任程渭山，浙江省人民政府副省长茅临生，浙江省政协原副主席、本会名誉会长张蔚文，本市有王卓辉、叶承垣、郭正伟、陈炳水、徐杏先等领导参加。

▲2008年4月24日，由本会承办的第四届"中绿杯"全国名优绿茶评比在甬举行。全国各地送达参赛茶样314个，经9名专家认真细致、公平公正的评审，评选出金奖70个，银奖71个，优质奖51个。

▲2008年4月25日，宁波东亚茶文化研究中心在甬成立，并举行东亚茶文化研究中心授牌仪式，浙江省领导张蔚文、杨招棣和宁波市领导陈炳水、宋伟、徐杏先、王桂娣、胡剑辉、殷志浩等参加。张蔚文向东亚茶文化研究中心主任徐杏先授牌。研究中心聘请国内外著名茶文化专家、学者姚国坤教授等为东亚茶文化研究中心研究员，日本茶道协会会长仓泽行洋博士等为东亚茶文化研究中心荣誉研究员。

▲2008年4月，宁波市人民政府在宁海县建立茶山茶事碑。宁波市政府副市长、本会名誉会长陈炳水，会长徐杏先和宁波市林业局局长胡剑辉，本会副会长兼秘书长殷志浩等领导参加了宁海茶山茶事碑落成仪式。

2009年

▲2009年3月14日—4月10日，由本会和宁波市教育局联合主办，组织培训少儿茶艺实验学校教师，由宁波市劳动和社会保障局劳动技能培训中心组织实施。参加培训的31名教师，认真学习《国家职业资格培训》教材，经理论和实践考试，获得国家五级茶艺师职称证书。

▲2009年5月20日，瀑布仙茗古茶树碑亭建立。碑亭建立在四明山瀑布泉岭古茶树保护区，由宁波市人民政府落款，并举行了隆重的建碑落成仪式，宁波市人民政府副市长、本会名誉会长陈炳水，本会会长徐杏先为茶树碑揭碑，本会副会长周信浩主持揭碑仪式。

▲2009年5月21日，本会举办宁波东亚茶文化海上茶路研讨会，参加会议的领导有宁波市副市长陈炳水，本会会长徐杏先，副会长柴利能、殷志浩等。日本、韩国、马来西亚以及港澳地区的茶界人士及内地著名茶文化专家100余人参加会议。

▲2009年5月21日，海上茶路纪事碑落成。本会会同宁波市城建、海曙区政府，在三江口古码头遗址时代广场落成海上茶路纪事碑，并举行隆重的揭碑仪式。中国国际茶文化研究会顾问杨招棣，宁波市政协原主席、本会名誉会长叶承垣，宁波市人民政府副市长、本会名誉会长陈炳水，本会会长徐杏先，宁波市政协副主席、本会顾问常敏毅等领导及各界代表人士和外国友人到场，祝贺宁波海上茶路纪事碑落成。

2010年

▲2010年1月8日，由中国国际茶文化研究会、中国茶叶学会、宁波茶文化促进会和余姚市人民政府主办，余姚茶文化促进会承办的中国茶文化之乡授牌仪式暨瀑布仙茗·河姆渡论坛在余姚召开。本会

会长徐杏先、副会长周信浩、副会长兼秘书长殷志浩等领导出席会议。

▲2010年4月20日，本会组编的《千字文印谱》正式出版。该印谱汇集了当代印坛大家韩天衡、李刚田、高式熊等为代表的61位著名篆刻家篆刻101方作品，填补印坛空白，并将成为留给后人的一份珍贵的艺术遗产。

▲2010年4月24日，本会组编的《宁波茶文化书画院成立六周年画师作品集》出版。

▲2010年4月24日，由中国茶叶流通协会、中国国际茶文化研究会、中国茶叶学会三家全国性行业团体和浙江省农业厅、宁波市人民政府共同主办的"第五届·中国宁波国际茶文化节暨第五届世界禅茶文化交流会"在宁波拉开帷幕。出席开幕式的领导有全国政协原副主席胡启立，浙江省人大常委会副主任程渭山，中国国际茶文化研究会常务副会长徐鸿道，中国茶叶流通协会常务副会长王庆，浙江省农业厅副厅长朱志泉，中国茶叶学会副会长江用文，中国国际茶文化研究会副会长沈才土，宁波市委书记巴音朝鲁，宁波市长毛光烈，宁波市政协主席王卓辉，本会会长徐杏先等。会议由宁波市副市长、本会名誉会长陈炳水主持。

▲2010年4月24日，第五届"中绿杯"评比在宁波举行。这是我国绿茶领域内最高级别和权威的评比活动。来自浙江、湖北、河南、安徽、贵州、四川、广西、云南、福建及北京等十余个省（市）271个参赛茶样，经农业部有关部门资深专家评审，评选出金奖50个，银奖50个，优秀奖60个。

▲2010年4月24日下午，第五届世界禅茶文化交流会暨"明州茶论·禅茶东传宁波缘"研讨会在东港喜来登大酒店召开。中国国际茶文化研究会常务副会长徐鸿道、副会长沈才土、秘书长詹泰安、高级顾问杨招棣，宁波市副市长陈炳水，本会会长徐杏先，宁波市政府副秘书长陈少春，本会副会长王桂娣、殷志浩等领导，及浙江省各地（市）茶文化研究会会长兼秘书长，国内外专家学者200多人参加会议。

会后在七塔寺建立了世界禅茶文化会纪念碑。

▲2010年4月24日晚，在七塔寺举行海上"禅茶乐"晚会，海上"禅茶乐"晚会邀请中国台湾佛光大学林谷芳教授参与策划，由本会副会长、七塔寺可祥大和尚主持。著名篆刻艺术家高式熊先生，本会会长徐杏先，宁波市政府副秘书长、本会副会长陈少春，副会长兼秘书长殷志浩等参加。

▲2010年4月24日晚，周大风所作的《宁波茶歌》亮相第五届宁波国际茶文化节招待晚会。

▲2010年4月26日，宁波市第三届茶艺大赛在宁波电视台揭晓。大赛于25日在宁波国际会展中心拉开帷幕，26日晚上在宁波电视台演播大厅进行决赛及颁奖典礼，参加颁奖典礼的领导有：宁波市委副书记陈新，宁波市副市长陈炳水，本会会长徐杏先，宁波市副秘书长陈少春，本会副会长殷志浩，宁波市林业局党委副书记、副局长汤社平等。

▲2010年4月，《宁波茶文化之最》出版。本书由陈炳水副市长作序。

▲2010年7月10日，本会为发扬传统文化，促进社会和谐，策划制作《道德经选句印谱》。邀请著名篆刻艺术家韩天衡、高式熊、刘一闻、徐云叔、童衍芳、李刚田、茅大容、马士达、余正、张耕源、黄淳、祝遂之、孙慰祖及西泠印社社员或中国篆刻家协会会员，篆刻创作道德经印章80方，并印刷出版。

▲2010年11月18日，由本会和宁波市老干部局联合主办"茶与健康"报告会，姚国坤教授作"茶与健康"专题讲座。本会名誉会长叶承垣，本会会长徐杏先，副会长兼秘书长殷志浩及市老干部100多人在老年大学报告厅聆听讲座。

2011年

▲2011年3月23日，宁波市明州仙茗茶叶合作社成立。宁波市副

市长徐明夫向明州仙茗茶叶合作社林伟平理事长授牌。本会会长徐杏先参加会议。

▲2011年3月29日，宁海县茶文化促进会成立。本会会长徐杏先、副会长兼秘书长殷志浩等领导到会祝贺。宁海政协原主席杨加和当选会长。

▲2011年3月，余姚市茶文化促进会梁弄分会成立。浙江省首个乡镇级茶文化组织成立。本会副会长兼秘书长殷志浩到会祝贺。

▲2011年4月21日，由宁波茶文化促进会、东亚茶文化研究中心主办的2011中国宁波"茶与健康"研讨会召开。中国国际茶文化研究会常务副会长徐鸿道，宁波市副市长、本会名誉会长徐明夫，本会会长徐杏先，宁波市委宣传部副部长、副会长王桂娣，本会副会长殷志浩、周信浩及150多位海内外专家学者参加。并印刷出版《科学饮茶益身心》论文集。

▲2011年4月29日，奉化茶文化促进会成立。宁波茶文化促进会发去贺信，本会会长徐杏先到会并讲话、副会长兼秘书长殷志浩等领导参加。奉化人大原主任何康根当选首任会长。

2012年

▲2012年5月4日，象山茶文化促进会成立。本会发去贺信，本会会长徐杏先到会并讲话，副会长兼秘书长殷志浩等领导到会。象山人大常委会主任金红旗当选为首任会长。

▲2012年5月10日，第六届"中绿杯"中国名优绿茶评比结果揭晓，全国各省、市250多个茶样，经中国茶叶流通协会、中国国际茶文化研究会等机构的10位权威专家评审，最后评选出50个金奖，30个银奖。

▲2012年5月11日，第六届中国·宁波国际茶文化节隆重开幕。中国国际茶文化研究会会长周国富、常务副会长徐鸿道，中国茶叶流

通协会常务副会长王庆，中国茶叶学会理事长杨亚军，宁波市委副书记王勇，宁波市人大常委会原副主任、本会名誉会长郑杰民，本会会长徐杏先出席开幕式。

▲2012年5月11日，首届明州茶论研讨会在宁波南苑饭店国际会议中心举行，以"茶产业品牌整合与品牌文化"为主题，研讨会由宁波茶文化促进会、宁波东亚茶文化研究中心主办。中国国际茶文化研究会常务副会长徐鸿道出席会议并作重要讲话。宁波市副市长马卫光，本会会长徐杏先，宁波市林业局局长黄辉，本会副会长兼秘书长殷志浩，以及姚国坤、程启坤，日本中国茶学会会长小泊重洋，浙江大学茶学系博士生导师王岳飞教授等出席会议。

▲2012年10月29日，慈溪市茶业文化促进会成立。本会会长徐杏先、副会长兼秘书长殷志浩等领导参加，并向大会发去贺信，徐杏先会长在大会上作了讲话。黄建钧当选为首任会长。

▲2012年10月30日，北仑茶文化促进会成立。本会向大会发去贺信，本会会长徐杏先出席会议并作重要讲话。北仑区政协原主席汪友诚当选会长。

▲2012年12月18日，召开宁波茶文化促进会第三届会员大会。中国国际茶文化研究会常务副会长徐鸿道，秘书长詹泰安，宁波市政协主席王卓辉，宁波市政协原主席叶承垣，宁波市人大常委会副主任宋伟、胡谟敦，宁波市人大常委会原副主任郑杰民、郭正伟，宁波市政协原副主席常敏毅，宁波市副市长马卫光等领导参加。宁波市政府副秘书长陈少春主持会议，本会副会长兼秘书长殷志浩作二届工作报告，本会会长徐杏先作临别发言，新任会长郭正伟作任职报告，并选举产生第三届理事、常务理事，选举郭正伟为第三届会长，胡剑辉兼任秘书长。

2013年

▲2013年4月23日，本会举办"海上茶路·甬为茶港"研讨会，

中国国际茶文化研究会周国富会长、宁波市副市长马卫光出席会议并在会上作了重要讲话。通过了《"海上茶路·甬为茶港"研讨会共识》，进一步确认了宁波"海上茶路"启航地的地位，提出了"甬为茶港"的新思路。本会会长郭正伟、名誉会长徐杏先、副会长兼秘书长胡剑辉参加会议。

▲2013年4月，宁波茶文化博物院进行新一轮招标。宁波茶文化博物院自2004年建立以来，为宣传、展示宁波茶文化发展起到了一定的作用。鉴于原承包人承包期已满，为更好地发挥茶博院展览、展示，弘扬宣传茶文化的功能，本会提出新的目标和要求，邀请中国国际茶文化研究会姚国坤教授、中国茶叶博物馆馆长王建荣等5位省市著名茶文化和博物馆专家，通过竞标，落实了新一轮承包者，由宁波和记生张生茶具有限公司管理经营。本会副会长兼秘书长胡剑辉主持本次招标会议。

2014年

▲2014年4月24日，完成拍摄《茶韵宁波》电视专题片。本会会同宁波市林业局组织摄制电视专题片《茶韵宁波》，该电视专题片时长20分钟，对历史悠久、内涵丰厚的宁波茶历史以及当代茶产业、茶文化亮点作了全面介绍。

▲2014年5月9日，第七届中国·宁波国际茶文化节开幕。浙江省人大常委会副主任程渭山，中国国际茶文化研究会常务副会长徐鸿道，中国茶叶流通协会常务副会长王庆，中国农科院茶叶研究所所长、中国茶叶学会名誉理事长杨亚军，浙江省农业厅总农艺师王建跃，浙江省林业厅总工程师蓝晓光，宁波市委副书记余红艺，宁波市人大常委会副主任、本会名誉会长胡谟敦，宁波市副市长、本会名誉会长林静国，本会会长郭正伟，本会名誉会长徐杏先，副会长兼秘书长胡剑辉等领导出席开幕式，开幕式由宁波市副市长林静国主持，宁波市委

副书记余红艺致欢迎词。最后由程渭山副主任和五大主办单位领导共同按动开幕式启动球。

▲2014年5月9日，第三届"明州茶论"——茶产业转型升级与科技兴茶研讨会，在宁波国际会展中心会议室召开。研讨会由浙江大学茶学系、宁波茶文化促进会、东亚茶文化研究会联合主办，宁波市林业局局长黄辉主持。中国国际茶文化研究会常务副会长徐鸿道，中国茶叶流通协会常务副会长王庆，宁波市副市长林静国等领导出席研讨会。本会会长郭正伟、名誉会长徐杏先、副会长兼秘书长胡剑辉等领导参加。

▲2014年5月9日，宁波茶文化博物院举行开院仪式。浙江省人大常委会副主任程渭山，中国国际茶文化研究会副会长徐鸿道，中国茶叶流通协会常务副会长王庆，本会名誉会长、人大常委会副主任胡谟敦，本会会长郭正伟，名誉会长徐杏先，宁波市政协副主席郑瑜，本会副会长兼秘书长胡剑辉等领导以及兄弟市茶文化研究会领导、海内外茶文化专家、学者200多人参加了开院仪式。

▲2014年5月9日，举行"中绿杯"全国名优绿茶评比，共收到茶样382个，为历届最多。本会工作人员认真、仔细接收封样，为评比的公平、公正性提供了保障。共评选出金奖77个，银奖78个。

▲2014年5月9日晚，本会与宁海茶文化促进会、宁海广德寺联合举办"禅·茶·乐"晚会。本会会长郭正伟、名誉会长徐杏先、副会长兼秘书长胡剑辉等领导出席禅茶乐晚会，海内外嘉宾、有关领导共100余人出席晚会。

▲2014年5月11日上午，由本会和宁波月湖香庄文化发展有限公司联合创办的宁波市篆刻艺术馆隆重举行开馆。参加开馆仪式的领导有：中国国际茶文化研究会会长周国富、秘书长王小玲，宁波市政协副主席陈炳水，本会会长郭正伟、名誉会长徐杏先、顾问王桂娣等领导。开馆仪式由市政府副秘书长陈少春主持。著名篆刻、书画、艺术家韩天衡、高式熊、徐云叔、张耕源、周律之、蔡毅等，以及篆刻、

书画爱好者200多人参加开馆仪式。

▲2014年11月25日，宁波市茶文化工作会议在余姚召开。本会会长郭正伟、名誉会长徐杏先、副会长兼秘书长胡剑辉、副秘书长汤社平以及余姚、慈溪、奉化、宁海、象山、北仑县（市）区茶文化促进会会长、秘书长出席会议。会议由汤社平副秘书长主持，副会长胡剑辉讲话。

▲2014年12月18日，茶文化进学校经验交流会在茶文化博物院召开。本会会长郭正伟、名誉会长徐杏先、副会长兼秘书长胡剑辉、宁波市教育局德育宣传处处长佘志诚等领导参加，本会副会长兼秘书长胡剑辉主持会议。

2015年

▲2015年1月21日，宁波市教育局职成教教研室和本会联合主办的宁波市茶文化进中职学校研讨会在茶文化博物院召开，本会会长郭正伟、名誉会长徐杏先、副会长兼秘书长胡剑辉、宁波市教育局职成教研室书记吕冲定等领导参加，全市14所中等职业学校的领导和老师出席本次会议。

▲2015年4月，本会特邀西泠印社社员、本市著名篆刻家包根满篆刻80方易经选句印章，由本会组编，宁波市政府副市长林静国为该书作序，著名篆刻家韩天衡题签，由西泠印社出版印刷《易经印谱》。

▲2015年5月8日，由本会和东亚茶文化研究中心主办的越窑青瓷与玉成窑研讨会在茶文化博物院举办。中国国际茶文化研究会会长周国富出席研讨会并发表重要讲话，宁波市副市长林静国到会致辞，宁波市政府副秘书长金伟平主持。本会会长郭正伟、名誉会长徐杏先、副会长兼秘书长胡剑辉等领导出席研讨会。

▲2015年6月，由市林业局和本会联合主办的第二届"明州仙茗杯"红茶类名优茶评比揭晓。评审期间，本会会长郭正伟、名誉会长

徐杏先、副会长兼秘书长胡剑辉专程看望评审专家。

▲2015年6月，余姚河姆渡文化田螺山遗址山茶属植物遗存研究成果发布会在杭州召开，本会名誉会长徐杏先、副会长兼秘书长胡剑辉等领导出席。该遗存被与会考古学家、茶文化专家、茶学专家认定为距今6 000年左右人工种植茶树的遗存，将人工茶树栽培史提前了3 000年左右。

▲2015年6月18日，在浙江省茶文化研究会第三次代表大会上，本会会长郭正伟，副会长胡剑辉、叶沛芳等，分别当选为常务理事和理事。

2016年

▲2016年4月3日，本会邀请浙江省书法家协会篆刻创作委员会的委员及部分西泠印社社员，以历代咏茶诗词，茶联佳句为主要内容篆刻创作98方作品，编入《历代咏茶佳句印谱》，并印刷出版。

▲2016年4月30日，由本会和宁海县茶文化促进会联合主办的第六届宁波茶艺大赛在宁海举行。宁波市副市长林静国，本会郭正伟、徐杏先、胡剑辉、汤社平等参加颁奖典礼。

▲2016年5月3—4日，举办第八届"中绿杯"中国名优绿茶评比，共收到来自全国18个省、市的374个茶样，经全国行业权威单位选派的10位资深茶叶审评专家评选出74个金奖，109个银奖。

▲2016年5月7日，举行第八届中国·宁波国际茶文化节启动仪式，出席启动仪式的领导有：全国人大常委会第九届、第十届副委员长、中国文化院院长许嘉璐，浙江省第十届政协主席、全国政协文史与学习委员会副主任、中国国际茶文化研究会会长周国富，宁波市委副书记、代市长唐一军，宁波市人大常委会副主任王建康，宁波市副市长林静国，宁波市政协副主席陈炳水，宁波市政府秘书长王建社，本会会长郭正伟、创会会长徐杏先、副会长兼秘书长胡剑辉等参加。

▲2016年5月8日，茶博会开幕，参加开幕式的领导有：中国国际茶文化研究会会长周国富，本会会长郭正伟、创会会长徐杏先、顾问王桂娣、副会长兼秘书长胡剑辉及各（地）市茶文化研究（促进）会会长等，展会期间96岁的宁波籍著名篆刻书法家高式熊先生到茶博会展位上签名赠书，其正楷手书《陆羽茶经小楷》首发，在博览会上受到领导和市民热捧。

▲2016年5月8日，举行由本会和宁波市台办承办全国性茶文化重要学术会议茶文化高峰论坛。论坛由中国文化院、中国国际茶文化研究会、宁波市人民政府等六家单位主办，全国人大常委会第九届、第十届副委员长、中国文化院院长许嘉璐，中国国际茶文化研究会会长周国富参加了茶文化高峰论坛，并分别发表了重要讲话。宁波市人大常委会副主任王建康、副市长林静国，本会会长郭正伟、创会会长徐杏先、副会长兼秘书长胡剑辉等领导参与论坛，参加高峰论坛的有来自全国各地，包括港、澳、台地区的茶文化专家学者，浙江省各地（市）茶文化研究（促进）会会长、秘书长等近200人，书面和口头交流的学术论文31篇，集中反映了茶和茶文化作为中华优秀传统文化的组成部分和重要载体，讲好当代中国茶文化的故事，有利于助推"一带一路"建设。

▲2016年5月9日，本会副会长兼秘书长胡剑辉和南投县商业总会代表签订了茶文化交流合作协议。

▲2016年5月9日下午，宁波茶文化博物院举行"清茗雅集"活动。全国人大常委会第九届、第十届副委员长、中国文化院院长许嘉璐，著名篆刻家高式熊等一批著名人士亲临现场，本会会长郭正伟、创会会长徐杏先、副会长兼秘书长胡剑辉、顾问王桂娣等领导参加雅集活动。雅集以展示茶席艺术和交流品茗文化为主题。

2017年

▲2017年4月2日，本会邀请由著名篆刻家、西泠印社名誉副社

长高式熊先生领衔，西泠印副社长童衍方，集众多篆刻精英于一体创作而成52方名茶篆刻印章，本会主编出版《中国名茶印谱》。

▲2017年5月17日，本会会长郭正伟、创会会长徐杏先、副会长兼秘书长胡剑辉等领导参加由中国国际茶文化研究会、浙江省农业厅等单位主办的首届中国国际茶叶博览会并出席中国当代文化发展论坛。

▲2017年5月26日，明州茶论影响中国茶文化史之宁波茶事国际学术研讨会召开。中国国际茶文化研究会会长周国富出席并作重要讲话，秘书长王小玲、学术研究会主任姚国坤教授等领导及浙江省各地（市）茶文化研究会会长、秘书长，国内外专家学者参加会议。宁波市副市长卞吉安，本会名誉会长、人大常委会副主任胡谟敦，本会会长郭正伟，创会会长徐杏先，副会长兼秘书长胡剑辉等领导出席会议。

2018年

▲2018年3月20日，宁波茶文化书画院举行换届会议，陈亚非当选新一届院长，贺圣思、叶文夫、戚颢担任副院长，聘请陈启元为名誉院长，聘请王利华、何业琦、沈元发、陈承豹、周律之、曹厚德、蔡毅为顾问，秘书长由麻广灵担任。本会创会会长徐杏先，副会长兼秘书长胡剑辉，副会长汤社平等出席会议。

▲2018年5月3日，第九届"中绿杯"中国名优绿茶评比结果揭晓。共收到来自全国17个省（市）茶叶主产地的337个名优绿茶有效样品参评，经中国茶叶流通协会、中国国际茶文化研究会等机构的10位权威专家评审，最后评选出62个金奖，89个银奖。

▲2018年5月3日晚，本会与宁波市林业局等单位主办，宁波市江北区人民政府、市民宗局承办"禅茶乐"茶会在宝庆寺举行，本会会长郭正伟、副会长汤社平等领导参加，有国内外嘉宾100多人参与。

▲2018年5月4日，明州茶论新时代宁波茶文化传承与创新国际学术研讨会召开。出席研讨会的有中国国际茶文化研究会会长周国富、

秘书长王小玲，宁波市副市长卞吉安，本会会长郭正伟、创会会长徐杏先以及胡剑辉等领导，全国茶界著名专家学者，还有来自日本、韩国、澳大利亚、马来西亚、新加坡等专家嘉宾，大家围绕宁波茶人茶事、海上茶路贸易、茶旅融洽、茶商商业运作、学校茶文化基地建设等，多维度探讨习近平新时代中国特色社会主义思想体系中茶文化的传承和创新之道。中国国际茶文化研究会会长周国富作了重要讲话。

▲2018年5月4日晚，本会与宁波市文联、市作协联合主办"春天送你一首诗"诗歌朗诵会，本会会长郭正伟、创会会长徐杏先、副会长兼秘书长胡剑辉等领导参加。

▲2018年12月12日，由姚国坤教授建议本会编写《宁波茶文化史》，本会创会会长徐杏先、副会长兼秘书长胡剑辉、副会长汤社平等，前往杭州会同姚国坤教授、国际茶文化研究会副秘书长王祖文等人研究商量编写《宁波茶文化史》方案。

2019年

▲2019年3月13日，《宁波茶通典》编撰会议。本会与宁波东亚茶文化研究中心组织9位作者，研究落实编撰《宁波茶通典》丛书方案，丛书分为《茶史典》《茶路典》《茶业典》《茶人物典》《茶书典》《茶诗典》《茶俗典》《茶器典·越窑青瓷》《茶器典·玉成窑》九种分典。该丛书于年初启动，3月13日通过提纲评审。中国国际茶文化研究会学术委员会副主任姚国坤教授、副秘书长王祖文，本会创会会长徐杏先、副会长胡剑辉、汤社平等参加会议。

▲2019年5月5日，本会与宁波东亚茶文化研究中心联合主办"茶庄园""茶旅游"暨宁波茶史茶事研讨会召开。中国国际茶文化研究会常务副会长孙忠焕、秘书长王小玲、学术委员会副主任姚国坤、办公室主任戴学林，浙江省农业农村厅副巡视员吴金良，浙江省茶叶集团股份有限公司董事长毛立民，中国茶叶流通协会副会长姚静波，

宁波市副市长卞吉安、宁波市人大原副主任胡谟敦、本会会长郭正伟、创会会长徐杏先、宁波市农业农村局局长李强、本会副会长兼秘书长胡剑辉、副会长汤社平等领导，以及来自日本、韩国、澳大利亚及我国香港地区的嘉宾，宁波各县（市）区茶文化促进会领导、宁波重点茶企负责人等200余人参加。宁波市副市长卞吉安到会讲话，中国茶叶流通协会副会长姚静波、宁波市文化广电旅游局局长张爱琴，作了《弘扬茶文化 发展茶旅游》等主题演讲。浙江茶叶集团董事长毛立民等9位嘉宾，分别在研讨会上作交流发言，并出版《"茶庄园""茶旅游"暨宁波茶史茶事研讨会文集》，收录43位专家、学者44篇论文，共23万字。

▲2019年5月7日，宁波市海曙区茶文化促进会成立。本会会长郭正伟、创会会长徐杏先、副会长兼秘书长胡剑辉、副会长汤社平到会祝贺。宁波市海曙区政协副主席刘良飞当选会长。

▲2019年7月6日，由中共宁波市委组织部、市人力资源和社会保障局、市教育局主办、本会及浙江商业技师学院共同承办的"嵩江茶城杯"2019年宁波市"技能之星"茶艺项目职业技能竞赛，取得圆满成功。通过初赛，决赛以"明州茶事·千年之约"为主题，本会创会会长徐杏先、副会长兼秘书长胡剑辉、副会长汤社平等领导出席决赛颁奖典礼。

▲2019年9月21—27日，由本会副会长胡剑辉带领各县（市）区茶文化促进会会长、秘书长和茶企、茶馆代表一行10人，赴云南省西双版纳、昆明、四川成都等重点茶企业学习取经、考察调研。

2020年

▲2020年5月21日，多种形式庆祝"5·21国际茶日"活动。本会和各县（市）区茶促会以及重点茶企业，在办公住所以及主要街道挂出了庆祝标语，让广大市民了解"国际茶日"。本会还向各县（市）

区茶促会赠送了多种茶文化书籍。本会创会会长徐杏先、副会长兼秘书长胡剑辉参加了海曙区茶促会主办的"5·21国际茶日"庆祝活动。

▲2020年7月2日，第十届"中绿杯"中国名优绿茶评比，在京、甬两地同时设置评茶现场，以远程互动方式进行，两地专家全程采取实时连线的方式。经两地专家认真评选，结果于7月7日揭晓，共评选出特金奖83个，金奖121个，银奖15个。本会会长郭正伟、创会会长徐杏先、副会长兼秘书长胡剑辉参加了本次活动。

2021年

▲2021年5月18日，宁波茶文化促进会、海曙茶文化促进会等单位联合主办第二届"5·21国际茶日"座谈会暨月湖茶市集活动。参加活动的领导有本会会长郭正伟、创会会长徐杏先、副会长兼秘书长胡剑辉及各县（市）区茶文化促进会会长、秘书长等。

▲2021年5月29日，"明州茶论·茶与人类美好生活"研讨会召开。出席研讨会的领导和嘉宾有：中国工程院院士陈宗懋，中国国际茶文化研究会副会长沈立江、秘书长王小玲、办公室主任戴学林、学术委员会副主任姚国坤，浙江省茶叶集团股份有限公司董事长毛立民，浙江大学茶叶研究所所长、全国首席科学传播茶学专家王岳飞，江西省社会科学院历史研究所所长、《农业考古》主编施由明等，本会会长郭正伟、创会会长徐杏先、名誉会长胡谟敦，宁波市农业农村局局长李强，本会副会长兼秘书长胡剑辉等领导及专家学者100余位。会上，为本会高级顾问姚国坤教授颁发了终身成就奖。并表彰了宁波茶文化优秀会员、先进企业。

▲2021年6月9日，宁波市鄞州区茶文化促进会成立，本会会长郭正伟出席会议并讲话、创会会长徐杏先到会并授牌、副会长兼秘书长胡剑辉等领导到会祝贺。

▲2021年9月15日，由宁波市农业农村局和本会主办的宁波市第

五届红茶产品质量推选评比活动揭晓。通过全国各地茶叶评审专家评审，推选出10个金奖，20个银奖。本会会长郭正伟、创会会长徐杏先、副会长兼秘书长胡剑辉到评审现场看望评审专家。

▲2021年10月25日，由宁波市农业农村局主办，宁波市海曙区茶文化促进会承办，天茂36茶院协办的第三届甬城民间斗茶大赛在位于海曙区的天茂36茶院举行。本会创会会长徐杏先，本会副会长刘良飞等领导出席。

▲2021年12月22日，本会举行会长会议，首次以线上形式召开，参加会议的有本会正、副会长及各县（市）区茶文化促进会会长、秘书长，会议有本会副会长兼秘书长胡剑辉主持，郭正伟会长作本会工作报告并讲话；各县（市）区茶文化促进会会长作了年度工作交流。

▲2021年12月26日下午，中国国际茶文化研究会召开第六次会员代表大会暨六届一次理事会议以通信（含书面）方式召开。我会副会长兼秘书长胡剑辉参加会议，并当选为新一届理事；本会创会会长徐杏先、本会常务理事林宇晧、本会副秘书长竺济法聘请为中国国际茶文化研究会第四届学术委员会委员。

（周海珍　整理）

后记

宁波茶文化是中华茶文化的重要组成部分，宁波茶文化促进会副秘书长竺济法的"唐宋元明清，自古喝到今"这一俗语道出了宁波悠久的茶文化历史，并且在每个时代，宁波茶文化都各有亮点。

　　自唐代起，宁波就已经是世界公认的海上茶路启航地和茶禅东传之窗口，宋代以后崛起为最大茶叶出口港，越窑青瓷以及各类茶具也是主要出口物资。宋元之际，茶禅文化发展至巅峰，茶叶和茶籽先后在日本和高丽生根发芽。同时，宁波市茶叶种植业迅速发展，余姚河姆渡镇车厩岙出产贡茶，时间长达300年；宁海茶山茶因道家种茶，释家送茶，儒家赞茶而成为中国茶文化著名的千古雅事。明代的宁波名家茶书，如屠隆《茶说》、闻龙《茶笺》、万邦宁《茗史》和屠本畯《茗笈》等在全国茶史中有重要地位，特别是罗廪《茶解》被誉为"第二茶书"，是"除陆羽及其《茶经》外，其人其书几无可与比者"。至清，宁波茶文化辐射东瀛，名扬寰宇，叶隽的《煎茶诀》在日本影响深远，刘峻周将宁波茶移至苏联。当代宁波茶业聚焦科技稳步发展，宁波成为茶叶外销的"茶港"，宁波茶文化兴起助力茶产业发展。

　　为进一步弘扬和宣传宁波茶文化，宁波茶文化促进会组织编撰《宁波茶通典》，笔者有幸承写此书，由于对茶文化涉及的众多知识领域所知有限，在撰写的过程中得到了姚国坤教授和竺济法老师的大力支持和无私帮助，使我感激涕零！另外还得到宁波市农业局韩震老师提供的许多资料以及陈伟权老师等关于茶俗、茶馆等方面的信息，最后还有中国农业出版社姚佳老师的用心编辑，在此一并深表感谢！

　　因本人学识所限，书中定有不妥之处，望专家和读者批评指正。

图书在版编目（CIP）数据

茶史典 / 宁波茶文化促进会组编；林浩著. —北京：中国农业出版社，2023.9

（宁波茶通典）

ISBN 978-7-109-30685-1

Ⅰ.①茶…　Ⅱ.①宁…②林…　Ⅲ.①茶文化—文化史—宁波　Ⅳ.①TS971.21

中国国家版本馆CIP数据核字（2023）第080142号

茶史典

CHASHI DIAN

中国农业出版社出版

地址：北京市朝阳区麦子店街18号楼

邮编：100125

特约专家：穆祥桐　责任编辑：姚　佳

责任校对：刘丽香

印刷：北京中科印刷有限公司

版次：2023年9月第1版

印次：2023年9月北京第1次印刷

发行：新华书店北京发行所

开本：700mm×1000mm　1/16

印张：15.75

字数：212千字

定价：88.00元
